小型管道
油水分离技术

XIAOXING GUANDAO
YOUSHUI FENLI JISHU

刘为民 著

内 容 提 要

本书针对目前油田所需要的小型、高效、无人值守的油水分离技术，系统地介绍了对油田采出水进行就地油水分离的T形管油水分离技术、柱形旋流器油水分离技术，重点阐述了两种技术的工艺原理、设计方法和工艺过程；建立了相应的理论及数学模型，对T形管和柱形旋流器等核心构件进行了机构设计和优化；开展了陆地及海上油水分离工艺试验。

本书可供从事油田开发、多相分离等相关领域的设计人员、技术人员、管理人员参考。

图书在版编目(CIP)数据

小型管道油水分离技术 / 刘为民著. — 北京 ：中国石化出版社，2020.11(2023.1 重印)
ISBN 978-7-5114-6065-3

Ⅰ. ①小… Ⅱ. ①刘… Ⅲ. ①油水分离-研究 Ⅳ. ①TE624.1

中国版本图书馆 CIP 数据核字(2020)第 229437 号

中国石化出版社出版发行
地址：北京市东城区安定门外大街 58 号
邮编：100011 电话：(010)57512500
发行部电话：(010)57512575
http://www.sinopec-press.com
E-mail：press@sinopec.com
北京科信印刷有限公司印刷
全国各地新华书店经销
*
710×1000 毫米 16 开本 8.5 印张 127 千字
2020 年 11 月第 1 版 2023 年 1 月第 2 次印刷
定价：42.00 元

前　　言

随着油田开发程度的加深，采出水量逐年增多，在油田采出水处理上，常规水处理工艺为自然沉淀除油-混凝除油-过滤除油的“三段式”处理工艺，经过常规处理后的出水水质基本可以达到回注水标准。但传统的油水分离装置大多是卧式或者立式的罐体结构，占地面积较大，应用于小空间现场条件进行就地油水分离的处理装置，必须在小型、高效、无人值守等条件方面进行进一步研究优化。

本书在多年工作经验的基础上，系统总结了小型管道油水分离技术，内容共分为6章。第1章介绍了目前常用油水分离方法和国内外小型高效油水分离装置的发展现状；第2章介绍了T形管油水分离技术的理论和设计方法，并在多相分离实验平台上开展了T形管内油水两相流动规律的研究，通过对T形管内油水两相流动规律的数值模拟研究，确定了T形管的各个参数对油水分离效果的影响；第3章介绍了柱形旋流器油水分离的设计理论和方法，通过对旋流管内油水两相流动规律的数值模拟研究，得到了油水两相在旋流管中的流场分布规律，并且通过对T形管+旋流器内油水两相流动规律的数值模拟研究，得到了不同入口流速、入口含油率、不同分流比组合下的油水分布规律；第 4 章介绍了管道式油水分离装置的结构和设计；第 5 章介绍了管道油水分离技术的陆上现场试验；第 6 章介绍了管道油水分离技术的海上改造试验。

由于作者水平有限，书中不妥之处在所难免，恳请读者批评指正！

目　录

1 绪　论

水处理一直是油田生产中的重要问题，采出水处理后或回注地层，或回用，或达标外排周围(地面或海洋)环境。虽然由于各油田区块采出水的物理化学性质差异较大，处理运行工艺也不相同，但“重力沉降-气浮-过滤”三段处理工艺应用较为普遍。油水分离的方法主要包括重力分离法、离心分离法、电脱分离法、浮选法、聚结法、化学法、过滤法、吸附法、生物处理法和膜分离法等。

随着油田开采程度的不断加深，采出水量逐年增加。尤其在中、高含水期的油田开发中，水处理与回注系统在集输工程中占相当大比例，而且随着含水率的上升，这部分建设投资仍在继续增加。而对于空间狭小地方的设备改造，升级改造方案往往受到空间紧张和降低建造成本的限制(如海洋平台油水分离设备升级改造)。采取先进高效的分离技术处理油田采出液，提高地面工程建设的经济效益，是各大油田今后的发展趋势。

1.1 水处理技术现状

近年来，国内外科研机构、高校和石油公司，研发了一批新型高效紧凑型采油污水处理技术和设备。ASCOM 公司研发了高效三相分离器，与传统的三相分离器相比：采用扩散型入口提高了入口处气液两相重力分离效率；紧凑型旋流除雾器处理量较大、效率高、压降低；射孔型分散器大大降低液体流动速度。

管式分离器是小型高效油水分离处理装置研究的热点之一，管式结构去除了传统卧式/立式分离器的罐体结构，最大限度地节省空间，安装方式灵活，在海上平台等空间受限的区域应用前景广阔。在管式分离器中，比较有代表性的主要有挪威Norsk Hydro公司的卧式单根盘管式分离器和Saipem公司的立式多管分离器。

为实现含油污水的“零环境危害排放”，含油污水还需经过气浮和过滤处理。以美国Natco Group公司和M-I SWACO公司为代表，国外发展了一批紧凑型气浮装置，综合应用气浮分离、低强度旋流分离以及聚结技术，从而达到提高处理量，减小设备重量和体积的目的。膜过滤技术目前主要有无机微滤膜过滤、有机微滤膜过滤、改性纤维过滤和超滤膜分离，其中应用较多的超滤膜有管式膜、中空纤维超滤膜、振动膜等。

FMC公司设计了CDS在线分离系统，在阿曼Al-Huwaisah油田的应用中，在线分离系统的体积约为原分离系统的1/8，重量约为原系统的1/5，在优化分离效率的基础上使得分离装置的占地面积和重量更小。CDS在线分离系统的原理主要是紧凑的旋流分离技术。气-液分离时可能用到的在线分离装置有在线除气器、在线除液器、在线除雾器和在线分相器等；液-液分离时可能用到在线分离装置有在线除液器、在线电聚结器和在线水力旋流器；有固相颗粒时需要用到在线除砂器。

在边缘区块或者井网不完善的区域，利用同井采注工艺技术将采出液中分离的水回注地层，有利于补充地层能量，减轻集输管网负担，并且具有投资少、见效快等优点。自20世纪90年代以来，国外的研究人员开始研发同井采注工艺技术，早期现场试验已经证实，同井采注技术具有稳油、控水、节能、提高采收率等优点，国外已进入大规模商业开发阶段，加拿大约有20口油井应用了这种技术。国内的中国海油、河南油田和中原油田也应用了此项技术，并取得了较好的效果，目前已经形成了采下注上和采上注下等多种管柱结构。

1.2 油田采出水处理工艺

1.2.1 常用油水分离方法

油水分离是油田生产中的重要问题，高含水采出液进入联合站后初步分离油水，原油进一步脱水后外输，污水深度处理后外排或者回注。油水分离的原理与方法主要有重力分离法、离心分离法、电脱分离法、浮选法等，目前常用的油水分离装置主要是基于以下 10 种方法中的 1 种或几种，根据应用情况和处理要求的不同设计制作的。

（1）重力分离法

重力分离法是一种初级处理方法，其原理是利用油和水的密度差及其不相容性，在静止或低速流动状态下实现油相、水相和悬浮物的分离。分散在油液中的水滴在重力作用下缓慢下沉，分散在水中的油珠在浮力作用下缓慢上浮，水滴下沉、油珠上浮的速度取决于水滴、油珠的大小，油与水的密度差，流动状态及流体的黏度，其关系可用 Stokes 和 Newton 等定律来描述。重力分离法的特点是能接受任何浓度的含油污水，同时除去大量的污油。

从使用情况来看，重力沉淀的主要设备为除水、除油的罐、池等，需要很大的容器和很低的流速，处理时间较长。从经济角度来看，采用简单的重力法除去水中的油是最理想的方法，利用水和油密度差的重力分离过程不需外加动力，装置制造成本和运行费用低，维护简便，大规模推广容易，回收的油可再利用。

（2）离心分离法

离心分离法是利用油水密度的不同，在高速旋转时油水混合液产生不同的离心力，从而实现油水分离。离心设备的高速旋转可产生百倍于重力加速度的离心力，因此可较为彻底地分离油水，并且只需很短的停留时间和较小的设备体积。

旋流分离器在液-固分离方面的应用始于 19 世纪 40 年代，现在较为成熟，但在油水分离领域的研究要晚得多。虽然液-固分离与液-液分离的基本原理相同，但二者的几何结构有很大的差别。旋流分离器起源于英国，早期的双锥型旋流分离器，现在发展为与双锥型具有相同分离性能但处理量要高出一倍的单锥型旋流分离器。旋流脱油技术在发达国家产油污水处理设备中，特别是在海上石油开采平台上已成为不可替代的标准设备。国内很多科研单位也在研究离心分离器，但是由于旋流分离器内流场（三维不对称湍流流场）的复杂性，加之国内研究起步晚、起点低，缺乏系统性的研究，旋流脱油技术在国内还没有全面推广。

(3) 电脱分离法

包括电解法、电火花法和电磁吸附分离法，电解法包括电凝聚和电气浮。电凝聚是利用溶解性电极电解乳化油废水，从溶解性阳极溶解出金属离子，金属离子发生水解作用生成氢氧化物吸附、凝聚的乳化油和溶解油，然后沉淀除去油分。电解气浮法是利用不溶性电极电解含有乳化油和溶解油的废水，利用电解分解作用和初生态的微小气泡的上浮作用，使乳化油破坏，并使油珠附着在气泡上。电解产生的气泡捕获杂质的能力比较强，去除固体杂质和油滴的效果较好，缺点是电耗大、电极损耗大，单独使用时不能达到所需要求。电火花法是利用交流电来去除废水中乳化油和溶解油的方法。装置由两根同心排列的圆筒组成，内圆筒同时兼作电极，另一电极是一根金属棒，电极间填充微粒导电材料，废水和压缩空气同时送入反应器下部的混合器，再经多孔筛板进入电极间的内圆筒。筒内的导电颗粒呈翻腾床状态，在电场作用下，颗粒间产生电火花，在电火花和废水中均匀分布的氧作用下，油分被氧化和燃烧分解。净化后的废水由内部经多孔顶板进入外圆筒并由此外排。

(4) 浮选法

气浮净水技术是国内外正在深入研究与不断推广的一种水处理新技术。气浮就是在水中通入空气(或天然气)，设法使水中产生微小气泡，有时还需加入气浮剂或凝聚剂，使水中颗粒为0.25~25μm的乳化油和分散油活水中的悬浮颗粒黏附在气泡上，随气体一起上浮到水面并加以回收，从而达到含油污水除油、除悬浮物的目的。

按照气体被引入水中的方式，气浮除油可分为：溶解气浮选法、分散气浮选法、电解凝聚浮选法和化学浮选法。气浮法除油的优点主要有：①水在池中停留时间只需10~20min，池深只需2m左右，占地面积小；②对重力分离难以取出的低浊度含藻水处理效率高，出水水质好；③节省药剂用量；④设备组装化、自动化程度高，现场预制工作量小。气浮法的缺点主要有电耗大，溶气水减压释放易堵塞，浮渣怕较大的风雨袭击等。基于浮选法的特点，该方法被广泛应用于海上油田污水处理，在陆上油田，尤其是稠油污水处理中也被较多应用。

(5) 聚结法

聚结法是利用油水两相对聚结材料亲和力的不同来进行分离，主要用于分散油的处理。此法的技术关键是粗粒化材料的选择，许多研究者认为材质表面的亲油疏水性是主要的，而且亲油性材料与油的接触角小于70°为好。常用的亲油性材料有蜡状球、聚烯系或聚苯乙烯系球体或发泡体、聚氨酯发泡体等。粗粒化法可以把5~10μm粒径以上的油珠完全分离，无需外加化学试剂，无二次污染，设备占地面积小，基建费用较低。但对悬浮物浓度高的含油废水，聚结材料易堵塞。

(6) 化学法

化学法是利用化学作用将废水中的污染物成分转化为无害物质，使废水得到净化。常用的方法有中和、沉淀、混凝、氧化还原等。对含油废水主要用混凝法，向含油污水中加入混凝剂，在水中水解后形成的带正电荷的胶团与带负电荷的乳化油产生电中和，经过治理后，油粒聚集，粒径变大，浮力也随之增大，达到油水分离。此法适合于靠重力沉降不能分离的乳化状油滴。

(7) 过滤法

过滤法是使油水混合物通过多孔隙介质以去除水中的浮油等悬浮物。油田通常采用的过滤方式是使采油污水通过石英砂、无烟煤等滤料，使污水中的一部分原油和固体悬浮物滞留在细小滤料组成的滤层中，这样采油污水便得到初步处理。

(8) 吸附法

活性炭是一种优良的吸附剂，是由含碳物质作为原料，经高温碳化、活化而制成的疏水性的吸附剂。它不仅对油有很好的吸附性能，而且能同时有效地吸附废水中的其他有机物，但吸附容量有限(对油一般为30~80mg/g)，且成本高、再生困难，故一般只用于含油废水的深度处理。

(9) 生物处理法

生物处理方法只对可生物降解的有机化合物有效。生物处理是利用微生物的生物化学作用，将复杂的有机物分解为简单物质，将有毒物质转化为无毒物质，使废水得到净化。油类是一种烃类有机物，可以利用微生物将其分解氧化为二氧化碳和水。

(10) 膜分离法

膜分离技术是今年来迅速发展起来的一项新型分离技术。目前，膜分离法处理废水正从实验室研究走向实际应用阶段。它具有不需加入其他试剂，不产生含油污泥，浓缩液可燃烧处理，设备费用低等优点。它存在的问题是：需对废水进行严格的预处理，且膜的清洗也较麻烦。主要工业化应用的膜分离技术有微滤和超滤等。

以上方法各有其优缺点，适用范围也有所不同。实际应用过程中，需要综合考虑处理规模、应用场地、油水混合液特点、水质要求、成本等多方面因素，选取适合的一种或综合运用几种油水分离方法。

1.2.2 小型高效水处理装置发展现状

随着油田开采程度的不断加深，采出水量逐年增加，尤其是在中、高含水期的油田开发中，水处理与回注系统在集输工程中占相当大的比例，而且随着含水率的上升，这部分建设投资仍在继续增加。例如海洋油田进入开发中后期后产水大幅增加，而升级改造方案往往受到平台空间紧张和建造成本的限制。因此，采取先进高效的分离技术，提高处理水平，减小占地面积是油水分离技术的发展趋势。

(1) 高效三相分离器

ASCOM 公司研发的高效三相分离器主要由入口装置、气液分离装置、油水分离装置和除砂器组成，如图 1-1 所示。

① 入口装置

为了适应各种不同的流体情况，开发了两种入口结构：一种为扩散型入口；另一种为旋流型入口。

扩散型入口如图 1-2 所示。扩散型入口优化设计了宽阔的入口空间，目的是引导流体缓慢地进入罐内。由于气相速率降到了最低，可以有效避免涡流和二次夹带液体的现象发生。设计了大量导流板，液相在导流板处聚结，有利于气-液分离。大的入口还使得这种入口几乎没有压力损失。扩散型入口的设计提高了入口处气液两相重力分离效率，从而提高了整个装置的分离效率。

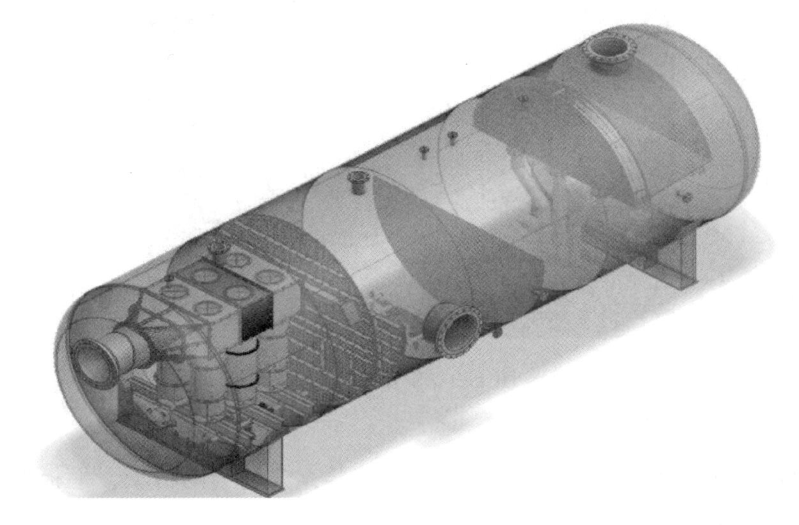

图 1-1　ASCOM 公司三相分离器

图 1-2　扩散型入口

旋流型入口特别适用于入口流动能较高，含液量大或者含油泡沫的情况，结构如图 1-3 所示。气、液混相流进入入口后，液相在重力的作用下向下进入液-液分离区，气相则通过旋流型入口的涡流探测器进入气-液分离区。经过旋流型入口后，液相中的气体残留和气相中的液滴残留都非常低，并且设计的低剪切速率入口可以对原油与水起到预分的作用，有利于后续进一步处理。另外，这种设计还可以起到消泡的作用，极大地减少了消泡剂的使用量。

图 1-3　旋流型入口

② 气液分离装置

ASCOM 公司设计了三种不同类型的除雾器，分别为网格型、平板型和旋流型，如图 1-4 所示。

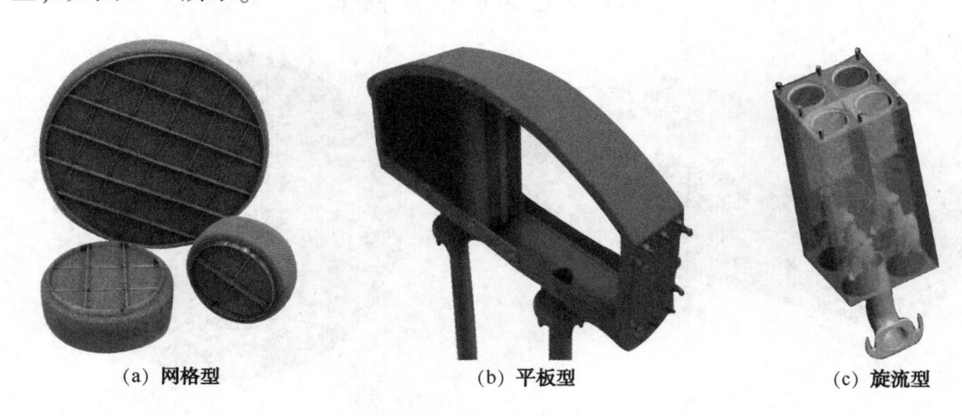

(a) **网格型**　(b) **平板型**　(c) **旋流型**

图 1-4　三种不同类型除雾器

网格型除雾器适用于干净、无污染的环境中，流体中含蜡、脏物或者有固相颗粒时不可以使用。这种除雾器的使用范围广泛，在分离器、压缩器和脱水塔中均可应用。平板型除雾器能够应用在有污染的环境中，应用范围广。工业应用经验表明，压力超过 10bar 时，随压力的增加，气-液分离效率下降很快，因此平板型除雾器不适用于高压环境。旋流型除雾器为紧凑型设计，因此处理量较大。

与其他类似技术相比，旋流型除雾器更紧凑、效率更高，压降也更低。

③ 油水分离装置

射孔型分离器是一种高效的液-液分离装置，特别适用于卧式分离器中降低波动，结构如图 1-5 所示。射孔型的设计可以大大降低液体流动速度，从而提高液-液分离效率。

图 1-5　油水分离装置

（2）管式分离器

① 卧式单根盘管式分离器

卧式单根盘管式分离器的设计思想最早由挪威 Norsk Hydro 公司研究中心的技术人员提出，主要用于重力式液-液分离。其设计理念主要基于以下四点：a. 通过减小分离器的直径，能够缩短水颗粒的沉降距离和相应所需的沉降时间；b. 通过增大水相的界面区域面积，能够减小界面水力载荷；c. 通过增大油水乳化层上所受的剪切力，能够加速乳化层的分解，使得管式分离系统能分离更为稳定的乳化液和高黏度的采出液；d. 通过增大轴向平均流速(约 1.0m/s)，使油井产出液处于湍流流态，能够提高油水分离效率。初步计算结果表明：在达到同样处理能力和处理效果的前提下，常规重力卧式分离器的质量为 320t，而卧式单根盘管式分离器的质量仅有 60t；水下分离器站的质量则由 450t 减小到 212t，极大地减少了工程项目建设投资，降低了施工作业和运行维护难度。

完整卧式单根盘管式分离系统结构如图 1-6 所示，由入口用于气-液分离的

GasHarp、管式分离器、出口区域和气体旁路等组成。在位于 Pors-grunn 研究中心的高压循环流道上对其进行了分离效率和处理能力等方面的性能测试，定义出水口的最大含油质量分数为 0.1%，出油口的最大含水质量分数为 10%。测试用乳化液的含水质量分数在 70%~90%之间，气液比为 0~4，液体流量为 5~50m^3/h，管道上游混合物的流速为 2.13~12.72m/s，不添加破乳剂。测试结果表明：油相出口的含水质量分数低于 4%；水相出口的含油质量分数一直低于 0.06%；分离器上游出现段塞流或泡沫流流态对分离效果无明显影响，管式分离器都能有效工作；分离器上游出现泡沫流较段塞流时出水口的含油质量分数更低，这可能是气浮现象引起的。

图 1-6　单根盘管式分离系统示意图

② 立式多管分离器

立式多管分离器主要依靠重力作用实现气-液分离，其技术关键在于将集中在一个大内径分离容器中处理的油井产出物分散到一组立式平行管阵列中。

如图 1-7 所示，油井产出物通过位于立式多管分离器中心的竖直管路自下而上流动，然后从顶部流入各个独立的管式分离器中，依靠重力作用实施气-液分离。分离后的气相汇集后由顶部的气相出口排出，并依靠自身的压力经气体输送管线和立管送往水面；液相则自上而下从每个独立管式分离器的底部液相出口流出，汇集后再通过混输泵增压外输。分离器内部的液位通过海底液位传感器进行监控，并通过调节混输泵的转速实施液位控制；分离器具有自排空能力，以防止固体颗粒和砂石的沉积。

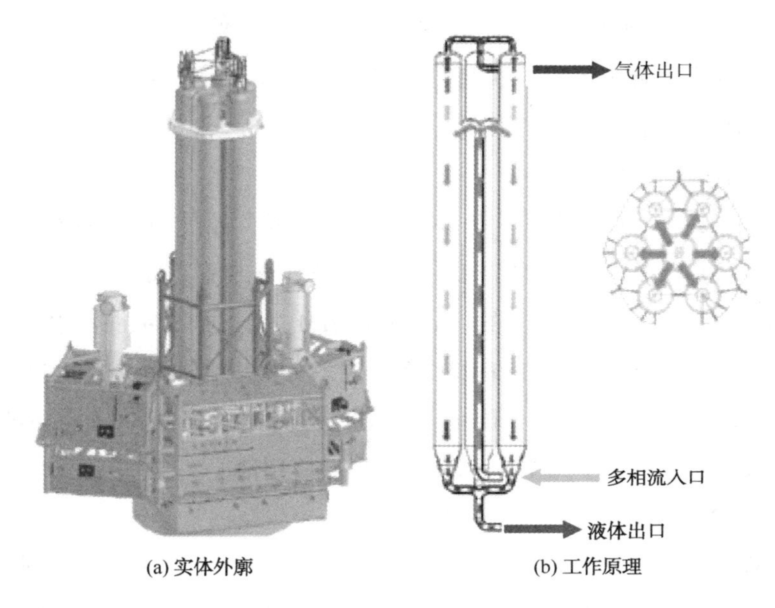

图 1-7 立式多管分离器外形和工作原理示意图

针对分离器工作水深 2500m、设计压力 69MPa、内部公称操作压力 3MPa 的特定工况，Saipem 公司采用 4 根高 11m、内径 762mm、壁厚 76.8mm 管道立式并联的方式设计了立式多管分离器。该分离器绝缘保温层厚度 20mm，总质量 120t。立式多管分离器在设计上具有极高的灵活性，不仅可以改变并联分离管的数量，还可以对单根分离管进行特殊设计，例如采用壁厚较大的锻造管以确保在深水环境下的工作可靠性等。

在初始设计阶段，Saipem 公司通过计算流体动力学(CFD)软件仿真分析来确定立式多管分离器的总体结构、关键元件的尺寸参数以及分离器内部的多相流动状态，以减小分离器入口处的湍流和剪切效应，进而优化设备的分离性能。为了确保设计的立式多管分离器在实际工况下的分离性能，还对其进行了系统的测试和认证。认证第 1 阶段主要测试分离器在模拟各种多相入口条件下的流体动力学性能，采用由 4 个独立分离管组成的立式多管分离器样机进行室内测试，样机材料选用有机玻璃，以便于观察整个分离系统内部的工作情况。认证第 2 阶段在 IFP 的多相流测试环道上进行，采用原油、含盐水和天然气等与真实工况极为相似的多相流流体进行试验，设备采用工程材料制成。测试结果表明：液相出口的气相体积分数在各种测试条件下始终低于10%，即使在入口含气率为设计值1.25倍的情况下，分离器仍能保持稳定良好的分离效率。目前，立式多管分离器已在GOWSP平台上完成了测试。

(3) 紧凑型气浮装置

近10年来，国外发展了一批紧凑型气浮装置，如美国Natco Group公司的VersaFloTM、M-I SWACO公司的Epcon紧凑型气浮装置(Compact Flotation Unit, CFU)、英国Cyclotech公司的DeepSweepTM、德国Siemens水务公司的CyclosepTM、挪威TS公司的TST CFU等产品，为实现含油污水的“零环境危害排放”奠定了坚实的硬件基础。下面主要介绍有切线入口的Epcon紧凑型气浮装置和无切线入口的TST CFU装置的原理、结构和应用情况。

① EPCON紧凑型气浮装置(CFU)

M-I SWACO公司的EPCON紧凑型气浮装置(CFU)是一种立式除油装置，组合应用了气浮分离、低强度旋流分离以及聚结技术。通过CFU处理后水中含油低于5ppm，同时可显著去除如多环芳香烃、烷基酚类和苯类等使原油容易乳化的有害物质。与传统气浮装置相比，它的体积较小，停留时间更短。

装置结构如图1-8所示，主要包括圆柱形的垂直罐、内筒、入口导流片和水平圆板。垂直罐的高度和直径决定了处理能力，实验证明：罐的高度和直径的比率在1∶1至1∶2之间时处理效果最佳；内筒装在垂直罐内上部，内筒上方与罐顶之间留有油气水通道，内筒可向下延伸至罐身的2/3处，内筒和组合罐的直径比为1/2时处理效果最好；入口导流片位于内筒与罐壁之间，使污水产生旋流，其周向角和倾斜度对装置的分离性能影响较大。水平圆板安装于水出口的上方，作用是缓和出水水流。

应用时水沿切线方向水平进入CFU罐体内，经由入口导流片在容器内形成旋流，装置气浮作用的气体可以是释放的残余气体或者补充气源。由于离心力的作用，密度较大的水将向罐壁移动，而油滴和气泡等较轻成分被压向罐中间，到达内筒壁，由气泡吸附的较小油滴逐渐凝聚，结合产生较大的油滴，通过气泡的上升对油滴进行浮选。处理过的水经过水平圆板的缓流后，由罐底部的水出口排出。分离出的油、气由容器顶部的管汇排出，在上部排出的液体中含油率通常为

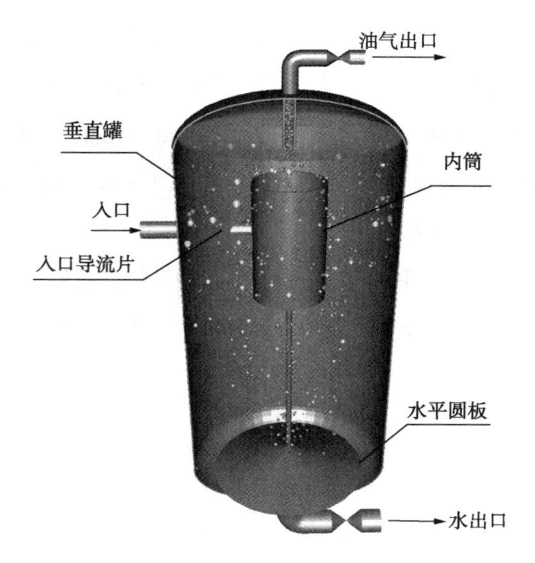

图 1-8 EPCON CFU 装置

0.5%~1.0%。一个 2.4m^3体积的罐体处理量可以达到 220m^3/h。

基于 CFU 装置中没有可转动的构件，不需要外界能源，废水在容器中的停留时间短(一般在 30s 以内)等结构设计，与传统的污水处理装置相比，CFU 具有以下特点：

a. 操作简单，维护需求低；

b. 体积小、重量轻，CFU 的体积一般只有传统采油废水处理装置的 1/3，这就使 CFU 特别适合安装于空间限制较严格的领域，如海上作业的石油生产平台或浮式生产储卸油轮(FPSO)；

c. 可靠高效的油、水和气的三相分离，一级装置 CFU 处理后水中含油可低于 10ppm，二级 CFU 装置处理水中含油可低于 5ppm；

d. 可根据特定应用的性能需求来采取并联或串联的工作方式；

e. 稳定的操作性能，在不同的水力载荷、气体浓度、原油质量范围及上游油黏滞等条件下，均可应用 CFU 装置；

f. 设备成本及经营成本低。

Epcon CFU 技术自 2001 年 6 月开始在挪威的 Brage 油田进行试验安装，处理量为 150m^3/h。在 1 年多的试验期间(2001—2003)，经过 Epcon CFU 处理后的采油废水中的含油量一直低于 20ppm，符合采油废水排海标准，极大地解决了其采油污水处理量饱和的问题。Chevron 公司于 2006 年 6 月并联安装了 8 台 CFU，总处理能力为 2120m³/h，出水口的含油量低于 5ppm。目前，CFU 已经作为一项成熟的技术在 ConocoPhillips、Exxon Mobil、Total、Chevron 等国际石油公司应用。

② TS 紧凑型气浮装置(CFU)

TS 集团公司基于气浮理论研发了 TST CFU 技术，特制的内件可以产生小气泡附着油滴向上，促进油水分离。图 1-9 为 6/150 MS4 CS 型 TST CFU 的结构示意图。其技术参数如下：

图 1-9　TST CFU 6/150 MS4 CS 结构示意图

污水入口和出口的尺寸：6in；

处理量：150m³/h；

占地面积：2m×2. 2m×4. 7m(长×宽×高)；

净重：4. 25t；

使用时重量：5. 8t；

可处理的污水最高含油率：3000ppm；

出口含油率：10ppm以内。

TST CFU在一个罐中可以实现多级分离，减少了罐的数目，并可以处理更高含油的污水；没有切向入口，设计更为灵活，加工费更低。根据应用情况的不同，可以选择不同的气浮级数，与现有的技术相比，TST CFU可以处理更小的油滴(1μm)；占地面积小，安装方便；化学药剂使用量小。

TST CFU的现场应用经验表明：该装置比同类设备在稠油油田的应用效果好，现场最低出口含油率为0~1ppm，并且去除小油滴的程度更高。

(4) 过滤膜

过滤技术是低渗透油田回注水处理过程中的关键技术，是去除悬浮物的主要手段，它决定了最终悬浮物含量和悬浮物粒径中值是否能达标。精细过滤一般采用金属膜、陶瓷膜为代表的无机膜过滤和滤芯过滤、改性纤维过滤等有机膜过滤，但精细过滤难以达到A1级水质。要达到A1级水质需加膜分离，目前应用较多的超滤膜有管式膜、中空纤维超滤膜、振动膜等。

① 无机微滤膜

无机膜具有不易变形，能承受高温、高压，抗化学药剂能力强，机械强度高，受pH值影响小，抗污染，寿命长等特点，应用较多的是陶瓷膜和金属膜。

金属膜过滤器是目前油田使用较多的一种新型无机膜过滤器，膜滤芯采用多孔高级不锈钢薄壁空心过滤元件或由金属不锈钢粉末烧结而成，可制成1~100μm精度的过滤设备。金属膜过滤最大的优点是耐温性能好，抗油污染能力强，传统的气水反洗或单纯的水反洗工艺就可实现滤膜清洁再生，而且操作简单。在进水水质控制在含油≤5mg/L、悬浮物≤5mg/L的情况下，出水水质可达到A1级指标要求。但由于目前油田所用金属膜过滤器预处理工艺效果差，导致不锈钢金属膜过滤器出现膜材料易被油污染，化学性能不稳定，穿孔导致水质下降，难以再生，膜孔径不均，过滤效果不稳等问题，出水水质难以达到A1级标准。

陶瓷微滤膜常见的材质为Al_2O_3、SiO_2、ZrO_2和TiO_2等。陶瓷膜用于油田采出水的处理具有明显的优点：首先，材料的亲水憎油特性，有利于防止有机类物质的污染；其次，由于陶瓷膜材料的良好化学稳定性，可用强酸、强碱、强氧化剂等清洗剂来清洗再生；再次，陶瓷膜的机械强度高，能在高温、高压下(1000～1300℃)使用和清洗；最后，陶瓷膜出水水质好，水质稳定，完全能满足对低渗透油层注水水质的要求。

Humphery 等人采用 Membralox 陶瓷膜进行了陆上和海上采油平台的采出水处理研究，经过适当的预处理取得了较好的效果，悬浮物含量由 73～290mg/L 降到 1mg/L 以下，油含量由 8～583mg/L 降到 5mg/L 以下。Simms 等人采用高分子膜和 Membralox 陶瓷膜对加拿大西部的重油采出水进行了处理，悬浮物含量由 50～2290mg/L 降到 1mg/L 以下，油含量由 125～1640mg/L 降低到 20mg/L 以下。

根据目前陶瓷膜的发展趋势和研究工作进展，采用陶瓷膜处理油田采出水的工业应用是可能的，但难以进行大规模工业应用的原因在于：其一是成本问题，必须降低装置的一次性投资，并通过工艺条件的优化设计，降低操作成本；其二是膜的清洗再生方法，由于各油田的水质情况差别很大，必须针对具体对象开发合适的清洗方法；其三是如何能够长时间维持膜通量的稳定性，减少清洗次数。

② 有机微滤膜

有机微滤膜具有韧性，能适应各种大小粒子的分离过程，制备相对较简单，易于成形，工艺也较成熟，且价格便宜。油田污水处理中常用的有机疏水微滤膜由聚乙烯、聚偏氟乙烯和聚四氟乙烯等聚烯烃类聚合物组成。

聚氟类微滤膜具有极好的化学稳定性，如聚偏氟乙烯膜(PVDF)和聚四氟乙烯膜(PTFE)，适合在高温下使用，特别是 PTFE 膜，其使用温度为-40～260℃，并可耐强酸、强碱和各种有机溶剂。孙大淦用自制的聚四氟乙烯微滤膜处理江苏油田的采油污水，该膜面密布 0.1～10μm 的微孔，孔径均匀、稳定性能好，具有耐温、耐强酸(碱)腐蚀、耐油、耐压的特点。实验表明：当原水悬浮物固体含量<3mg/L、颗粒直径<3μm、含油量≤3mg/L 时，经聚四氟乙烯膜过滤后，水中悬浮固体含量≤1mg/L，颗粒直径≤1μm，含油量≤1mg/L，过滤后的水质能满足低渗透、特低渗透油层回注要求。

③ 改性纤维滤料

改性纤维滤料技术是近年来应用在油田含油污水的新型过滤及分离技术。WXLG 改性纤维球过滤器，具有处理精度高，占地面积少，再生能力强等优点，特别适用于油田含油污水精细过滤末置级。该过滤器选用的纤维球滤料，是由经过新的化学配方合成的特种纤维丝做成，其主要特点是经过本质的改性处理将纤维滤料由亲油型改变为亲水型。该技术应用于油田含油污水的精细过滤，纤维球不易粘油，便于反洗再生，过滤精度高。经改进的压紧式改性纤维球过滤器可以达到超精细过滤 A 级标准（滤后水质含油≤2mg/L，SS≤1.5mg/L，粒径≤1.5μm），要达到 A1 级标准的滤后水质指标，污水应采用化学絮凝方法进行前处理。到目前为止，该技术已成功在大港、大庆、吐哈、冀东等油田进行批量应用。在某些低渗透油田也已有应用，但是由于滤料的亲油性，反洗时仍需采用清洗剂。

④ 超滤膜

a. 管式膜

管式超滤膜（TMBR）技术是一种高效的废水处理技术，它采用特种菌生化+Berghof 管式膜相结合的处理方式，通过特种菌生化可去除大部分油等有机物，以膜分离代替活性污泥法中的二沉池，分离效率可大大提高，将微生物、胶体、SS 以及大分子有机物等物质完全截留，出水 SS、浊度几乎为零，分离效率可大大提高，解决了常规处理技术难以解决的难题。而且微生物反应器内活性污泥的浓度从 3~5g/L 提高到 15~20g/L，使微生物反应器体积减小，反应效率提高，出水中无菌体和悬浮物。采用高速交叉流过滤技术，污染物不易在膜表面结存，而使膜堵塞的污染物——油、有机物等大部分已通过微生物反应器进行了有效降解，通过膜时含量已经较低，膜元件不易堵塞，一般只需 3~6 个月进行一次清洗。系统水回收率高，几乎 100%，只有化学清洗时损失部分超滤产水。其采用的流程如图 1-10 所示。含油废水进行预处理后进入 TMBR 系统，生物反应器内的高污泥浓度可使处理效率大幅度提高，主要污染物 COD_{Cr}、BOD 和氨氮得到有效降解，超滤产水中悬浮物、细菌、含铁量的去除率基本达到 100%，含油量的平均去除率达到 96%，最高可达到 98.6%。

b. 中空纤维超滤膜

中空纤维超滤膜具有膜表面积大，占地面积小，过滤压力低，过滤精度高等优点；可有效截留水中的悬浮物、颗粒物、细菌、大肠杆菌、致病原生动物等，产水浊度<0.1NTU，SS<1mg/L。可反向清洗，清洗效果好。

图 1-10　管式膜处理装置

c. 振动膜过滤技术

振动膜过滤是新一代革命性膜分离技术，可以有效地提高膜面的剪切速度，抵抗膜污染，提高回收利用率，同时能够节省大量的能源，在国外得到充足的开发和运用。而在国内对其研究较少，少数几家公司通过引进超频振动膜技术取得了良好的经济和社会效益。

在错流过滤中，原料以一定的组成进入膜器并平行流过膜表面，沿膜器的不同位置，原料组成逐渐变化。错流过滤膜膜面附近阻留物的浓度较高，而且产生了沉积层(凝胶层)，两者都使膜过滤通量减少。超频振动膜系统通过在膜面产生正弦切力波。有效地阻止颗粒物质在膜面的沉积，而且强剪切力能够使沉积在膜面的物质返回到料液中去，从而保持较高的过滤通量，如图 1-11、图 1-12 所示。

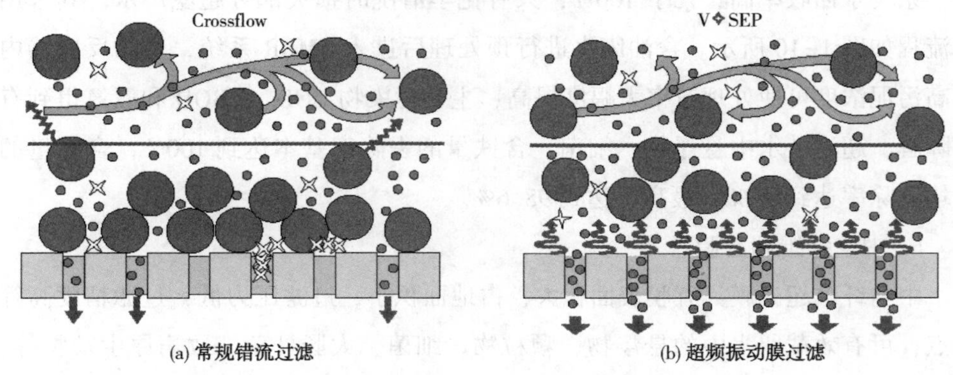

图 1-11　振动膜抗污染原理示意图

图 1-12 振动膜装置

（5）在线分离系统

FMC 公司设计的 CDS 在线分离系统在优化了分离效率的基础上最小化了分离装置的占地面积和重量。阿曼 Al-Huwaisah 油田之前应用的分离装置占地面积为 12m×20m×100m(长×宽×高)，重量为 135t。如图 1-13 所示，在线分离系统取代了原油水分离系统后，占地面积降至 5m×6m×10m(长×宽×高)，系统重量降低至 24t。在线分离系统的体积约为原分离系统的八分之一，重量约为原系统的五分之一。

图 1-13 壳牌公司在阿曼 Al-Huwaisah 油田应用在线分离系统

提高分离装置处理量的方法通常是改造现有的分离器，然而有时仍无法满足采出液处理需求。将 CDS 在线分离系统安装在上游，可以减轻原油分离器的负荷，在空间有限的情况下大大增加系统的总处理量。如图 1-14 所示，井口来液一部分进入高效重力分离装置(过程①)，另一部分进入在线液-液分离装置(过程②)，经二者处理后水中含油均低于 1000ppm，分离出的油、气分别进入油、气处理流程。分离出的水进入轴向水力旋流器(过程③)处理，污水进入在线除气器(过程④)或除气器(过程⑤)进一步脱气后外排或者回注。在线分离系统的安装，极大地增加了油水分离装置的处理能力。

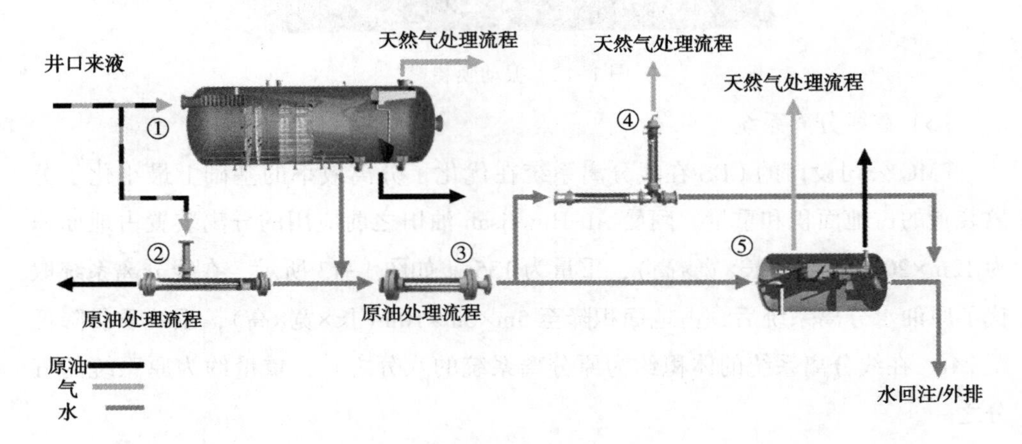

图 1-14　在线分离系统的应用

CDS 在线分离系统的原理主要是紧凑的旋流分离技术。气-液分离时可能用到的在线分离装置有在线除气器、在线除液器、在线除雾器和在线分相器等；液-液分离时可能用到的在线分离装置有在线除液器、在线电聚结器和在线水力旋流器；有固相颗粒时需要用到在线除砂器。此外，系统中还包括在线控制装置。图 1-15~图 1-17 分别是除砂器、除气器和除油器的原理示意图。除砂器的分离效率可达 99%，1μm 以上的颗粒可以被去除。第一套除砂器单元于 2009 年在挪威的 Heidrun 油田应用至今。含气液体进入除气器的旋流单元后，气核在除气器中间产生，随后进入内部小直径管内排出，2003 年至今，应用于挪威北海的 Statfjord B 油田。轴向除油的水力旋流器分离效率可达 99%。

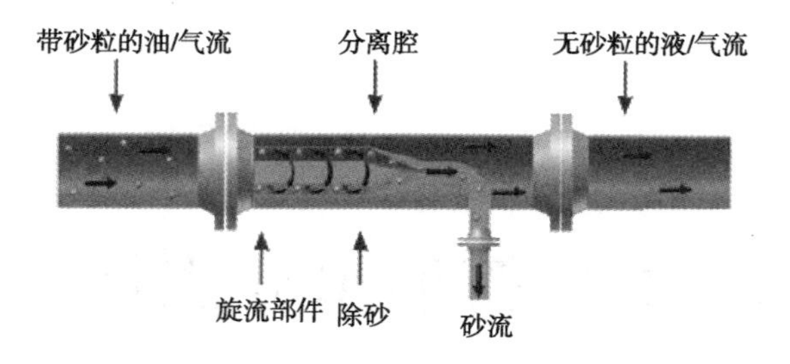

图 1-15 除砂器原理示意图

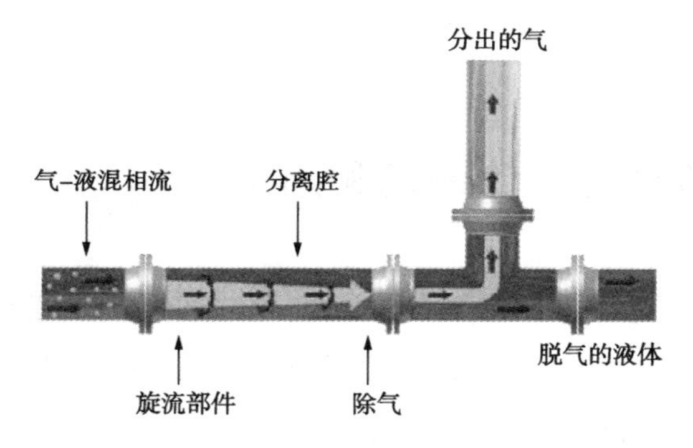

图 1-16 除气器原理示意图

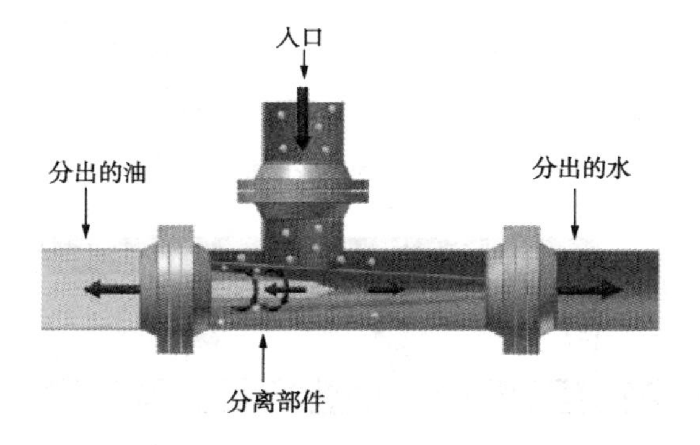

图 1-17 除油器原理示意图

2 T形管油水分离技术

2.1 T形管的设计理论和方法

T形管由底部水平主管、顶部水平主管、垂直支管等几部分组成，如图2-1所示，其工作原理为：油、气、水混合液由底部水平管入口进入，在重力和膨胀作用下，油、气、水分层，密度小的油、气沿垂直管上升进入顶部水平管，密度较大的水在底部流动，所以在底部水平主管流动的主要以水为主，混有少量的油，在顶部水平主管流动的主要以油和气为主，还混有少量的水，在T形管长距离流动过程中，分离继续进行，从而达到分离的目的。

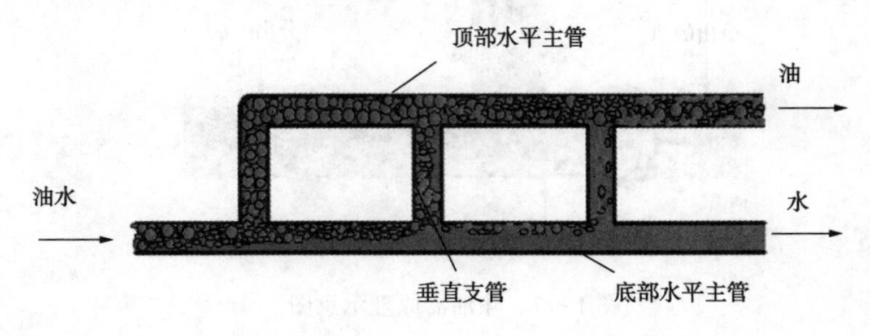

图2-1　T形管结构示意图

2.1.1 入口流型为分层流时计算模型

根据室内实验可知，当混合流速较低时，入口管路内油水两相一般处于分层流型。在实验中，入口管路内油相和水相的表观流速 V_{soi}、V_{swi} 可以通过流量计测量得到。为充分了解经过分岔接头后主管路下游和分支管路内的流动情况，需要知道两根管路内油水两相的表观流速 V_{sor}、V_{swr}、V_{sob} 和 V_{swb}(图 2-2)。

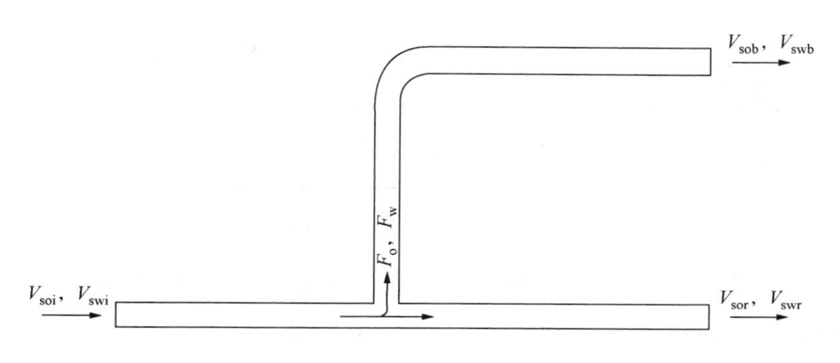

图 2-2　单分岔管路示意图

为此，首先建立了双流线模型，预测分层流型下油水两相经过分岔接头后的相分配比例 F_o 和 F_w，在此基础上可以得到主管路下游和分支管路内的混合流速 V_{mr}、V_{mb} 以及体积含油率 β_r、β_b。然后，进一步采用无量纲形式的分相流模型对截面含油率 α_r、α_b 进行计算，可以得到油水两相的表观流速。此处，体积相含率 β 和截面相含率 α 之间的关系可以表示为：

$$\beta=\frac{\alpha}{\alpha+S(1-\alpha)} \tag{2-1}$$

$$S=\frac{V_w}{V_o} \tag{2-2}$$

式中　V_w——水相真实流速，m/s；

V_o——油相真实流速，m/s；

S——滑速比。

（1）双流线模型分相流模型

油水两相在单分岔管路中流动时，在分岔接头处将发生相分配现象，结果是油水两相中部分进入了分支管路(branch)，其余继续沿主管路下游流动。当入口主管路(inlet)内为分层流型时，管路截面上的相分布如图 2-3 所示。

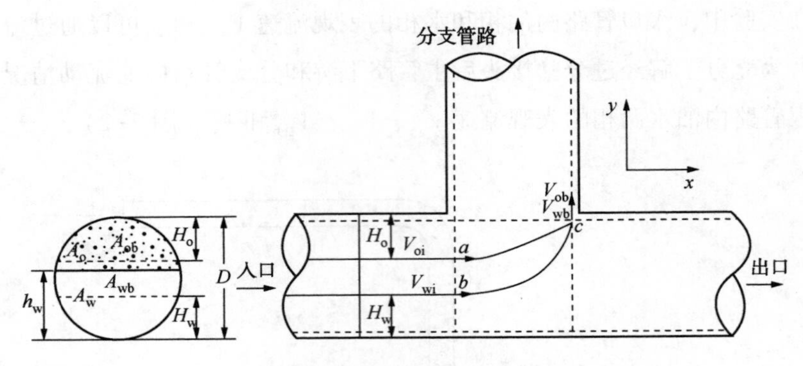

图 2-3　双流线模型示意图

在建立描述分岔接头处相分配现象的数学模型时，假设油水两相分别沿流线 ac 和 bc 进入分支管路。根据动量守恒定律，在纵轴方向上可以建立如下方程组：

油相：

$$\frac{\partial p_o}{\partial y}+(\rho_w-\rho_o)g-\rho_o\frac{\mathrm{d}V_{oy}}{\mathrm{d}t_o}=0 \tag{2-3}$$

水相：

$$\frac{\partial p_w}{\partial y}-\rho_w g-\rho_w\frac{\mathrm{d}V_{wy}}{\mathrm{d}t_w}=0 \tag{2-4}$$

式中　p——压力，Pa；

ρ——密度，kg/m³；

V——流速，m/s；

t——时间，s；

g——重力加流速，m/s²。

在 a 点位置，油相在 y 轴方向上的流速分量为零，而 t_o 可通过 $t_o=\frac{D}{V_{oi}}$ 估算得到，因此：

$$H_o=\frac{a_o t_o^2}{2}=\frac{V_{oi}}{2}\cdot\frac{D}{V_{ocx}} \tag{2-5}$$

假设 $\frac{\partial p_o}{\partial y}=\frac{\Delta p_o}{H_o}$，结合式(2-3)、式(2-5)，得到：

$$\frac{\Delta p_o}{H_o}+(\rho_w-\rho_o)g-2\rho_o\frac{H_oV_{oi}^2}{D^2}=0 \tag{2-6}$$

亦即：

$$\Delta p_o=2\rho_oV_{oi}^2\left(\frac{H_o}{D}\right)^2-(\rho_w-\rho_o)gH_o \tag{2-7}$$

对式(2-4)经过类似的推导后，可以得到：

$$\frac{\Delta p_w}{D-H_w}-\rho_wg-2\rho_w(D-H_w)\left(\frac{V_{wi}}{D}\right)^2=0 \tag{2-8}$$

假设油水两相的压降相等，即$\frac{\Delta p_o}{H_o}=\frac{\Delta p_w}{D-H_w}$，整理后得到：

$$\widetilde{H}_w=1.0-\widetilde{\rho}_{ow}\widetilde{H}_o\widetilde{V}_{oi}^2+\frac{(c-\widetilde{\rho}_{ow})Fr_{wi}^2}{2} \tag{2-9}$$

式中，$\widetilde{H}_w=\frac{H_w}{D}$，$\widetilde{H}_o=\frac{H_o}{D}$，$\widetilde{\rho}_{ow}=\frac{\rho_o}{\rho_w}$，$\widetilde{V}_{oi}=\frac{V_{oi}}{V_{wi}}$，$Fr_{wi}=\sqrt{\frac{gD}{V_{wi}^2}}$

此处，c是综合考虑油滴所受浮力、阻力以及相互碰撞等作用后给出的系数，取值范围在1.0~2.0之间。

在分岔接头处的油水相分配过程中，相间扰动使得油水两相的流速滑差并不明显，因此在实际计算中可以认为$V_{oi}=V_{wi}$。这样，在已知油水两相的入口流速后，利用公式(2-9)可以计算$\widetilde{H}_w$与$\widetilde{H}_o$之间的关系，再根据式(2-12)~式(2-15)即可得到油水两相的分配比例F_o和F_w，计算表达式为：

$$F_o=\frac{A_{ob}}{A_o} \tag{2-10}$$

$$F_w=\frac{A_{wb}}{A_w} \tag{2-11}$$

$$A_o=\frac{1}{4}D^2\left[\pi-\arccos\left(1-\frac{H_w}{D}\right)+\left(1-\frac{H_w}{D}\right)\sqrt{1-\left(1-\frac{H_w}{D}\right)^2}\right] \tag{2-12}$$

$$A_w = \frac{1}{4}D^2\left[\pi - \arccos\left(2\frac{H_w}{D}-1\right)+\left(2\frac{H_w}{D}-1\right)\sqrt{1-\left(2\frac{H_w}{D}-1\right)^2}\right] \tag{2-13}$$

$$A_{ob} = \frac{1}{4}D^2\left[\pi - \arccos\left(2\frac{H_o}{D}-1\right)+\left(2\frac{H_o}{D}-1\right)\sqrt{1-\left(2\frac{H_o}{D}-1\right)^2}\right] \tag{2-14}$$

$$A_{wb} = A_w - \frac{1}{4}D^2\left[\pi - \arccos\left(2\frac{H_w}{D}-1\right)+\left(2\frac{H_w}{D}-1\right)\sqrt{1-\left(2\frac{H_w}{D}-1\right)^2}\right] \tag{2-15}$$

式中 A_o——入口管路截面上油相面积，m^2；

A_w——管路截面上水相面积，m^2；

A_{ob}——入口管路内流入分支管路的油相面积，m^2；

A_{wb}——入口管路内流入分支管路的水相面积，m^2。

计算得到的 F_o、F_w 实际上就是流入分支管路内的油水体积流量与入口处油水体积流量的比值，即：

$$F_o = \frac{\dot{Q}_{ob}}{\dot{Q}_{oi}} \tag{2-16}$$

$$F_w = \frac{\dot{Q}_{wb}}{\dot{Q}_{wi}} \tag{2-17}$$

式中 $\dot{Q}_{oi}$——入口管路内油相的体积流量，m^3/s；

$\dot{Q}_{wi}$——入口管路内水相的体积流量，m^3/s；

$\dot{Q}_{ob}$——分支管路内油相的体积流量，m^3/s；

$\dot{Q}_{wb}$——分支管路内水相的体积流量，m^3/s。

(2) 分相流模型

对于水平管路中的油水两相分层流型，采用分相流模型进行计算。

假设 u_o、u_w 等参数只沿 z 轴方向变化，管路横截面上压力 p 均匀分布，油水两相之间处于热力学平衡状态且不存在质量交换。在图 2-4 所示的分层流型中，对油水两相分别列出动量守恒方程如下：

水相：

$$-A_w\left(\frac{dp}{dz}\right)_f-\tau_w S_w-\tau_i S_i+\rho_w A_w g\sin\theta=0 \tag{2-18}$$

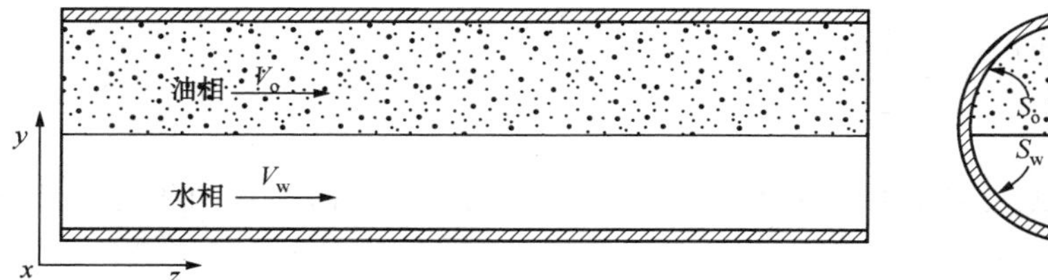

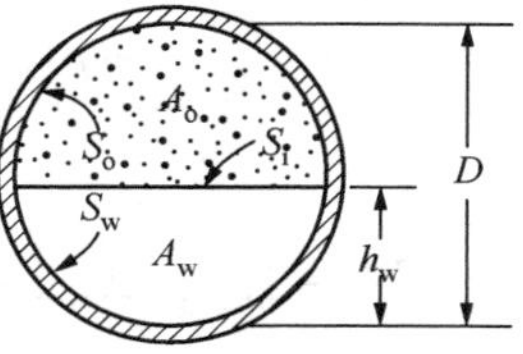

图 2-4　水平管路内的油水分层流型

油相：

$$-A_o\left(\frac{dp}{dz}\right)_f-\tau_o S_o+\tau_i S_i+\rho_o A_o g\sin\theta=0 \tag{2-19}$$

式中　A_w—管路截面上水相所占的面积，m²；

A_o——管路截面上油相所占的面积，m²；

S_w——水相润湿管壁的长度，m；

S_o——油相润湿管壁的长度，m；

S_i——油水界面的长度，m；

τ_w——水相与管壁间的剪切应力，Pa；

τ_o——油相与管壁间的剪切应力，Pa；

τ_i——油-水界面处的相间剪切应力，Pa；

$(dp/dz)_f$——油水两相的压降梯度，Pa/m；

θ——管路倾角，对水平管路 $\theta=0$。

消去压力梯度项$(dp/dz)_f$，得到：

$$\tau_o\frac{S_o}{A_o}-\tau_w\frac{S_w}{A_w}-\tau_i S_i\left(\frac{1}{A_o}+\frac{1}{A_w}\right)=0 \tag{2-20}$$

此处，

$$\tau_o=f_o\frac{\rho_o v_o^2}{2},\ f_o=C_o\left(\frac{\rho_o D_o v_o}{\mu_o}\right)^{-n_o} \tag{2-21}$$

$$\tau_w = f_w \frac{\rho_w v_w^2}{2},\ f_w = C_w \left(\frac{\rho_w D_w v_w}{\mu_w}\right)^{-n_w} \tag{2-22}$$

$$\tau_i = f_i \frac{\rho(v_o - v_w)\,|v_o - v_w|}{2},\ f_i = \begin{cases} f_o,\ v_o > v_w \\ f_w,\ v_o < v_w \end{cases},\ \rho = \begin{cases} \rho_o,\ v_o > v_w \\ \rho_w,\ v_o < v_w \end{cases} \tag{2-23}$$

式(2-21)、式(2-22)中，常数 C_o、C_w、n_o 和 n_w 须根据油水两相各自所处的流态来确定。

定义油水两相表观雷诺数Re_{si}为：

$$Re_{si} = \frac{\rho_i v_{si} D}{\mu_i},\ i = \mathrm{o},\ \mathrm{w} \tag{2-24}$$

取临界雷诺数$Re_{cr} = 2000.0$，当$Re_{si} \leqslant Re_{cr}$时该相处于层流流态，$C = 16$，$n = 1$；当$Re_{si} > Re_{cr}$时该相处于紊流流态，$C = 0.046$，$n = 0.2$。

将式(2-22)～式(2-24)代入式(3-20)，并进行无量纲化后得到：

$$\tilde{v}_o^2 \left[(\tilde{D}_o \tilde{v}_o)^{-n_o} \frac{\tilde{S}_o}{\tilde{A}_o} - X^2 \varphi^2 (\tilde{D}_w \tilde{v}_w)^{-n_w} \left(1 - \frac{1}{\varphi} \frac{\tilde{v}_w}{\tilde{v}_o}\right)^2 \tilde{S}_i \left(\frac{1}{\tilde{A}_o} + \frac{1}{\tilde{A}_w}\right) \right] -$$

$$X^2 \left[(\tilde{D}_w \tilde{v}_w)^{-n_w} \tilde{v}_w^2 \frac{\tilde{S}_w}{\tilde{A}_w} \right] = 0 \tag{2-25}$$

式中，

$$\varphi = \frac{v_{so}}{v_{sw}} \tag{2-26}$$

$$X^2 = \frac{\dfrac{4C_w}{D}\left(\dfrac{\rho_w v_{sw} D}{\mu_w}\right)^{-n_w} \dfrac{\rho_w v_{sw}^2}{2}}{\dfrac{4C_o}{D}\left(\dfrac{\rho_o v_{so} D}{\mu_o}\right)^{-n_o} \dfrac{\rho_o v_{so}^2}{2}} \tag{2-27}$$

$$\tilde{A} = \frac{A}{D^2} = \frac{\pi}{4} \tag{2-28}$$

$$\tilde{A}_o = \frac{A_o}{D^2} = \frac{1}{4}\left[\arccos(2\tilde{h}_w - 1) - (2\tilde{h}_w - 1)\sqrt{1 - (2\tilde{h}_w - 1)^2}\right] \tag{2-29}$$

$$\widetilde{A}_w=\frac{A_w}{D^2}=\frac{1}{4}\left[\pi-\arccos(2\widetilde{h}_w-1)+(2\widetilde{h}_w-1)\sqrt{1-(2\widetilde{h}_w-1)^2}\right] \tag{2-30}$$

$$\widetilde{S}_o=\frac{S_o}{D}=\arccos(2\widetilde{h}_w-1) \tag{2-31}$$

$$\widetilde{S}_w=\frac{S_w}{D}=\pi-\arccos(2\widetilde{h}_w-1) \tag{2-32}$$

$$\widetilde{S}_i=\frac{S_i}{D}=\sqrt{1-(2\widetilde{h}_w-1)^2} \tag{2-33}$$

$$\widetilde{v}_w=\frac{\widetilde{A}}{\widetilde{A}_w}=\frac{\pi}{\left[\pi-\arccos(2\widetilde{h}_w-1)+(2\widetilde{h}_w-1)\sqrt{1-(2\widetilde{h}_w-1)^2}\right]} \tag{2-34}$$

$$\widetilde{v}_o=\frac{\widetilde{A}}{\widetilde{A}_o}=\frac{\pi}{\left[\arccos(2\widetilde{h}_w-1)-(2\widetilde{h}_w-1)\sqrt{1-(2\widetilde{h}_w-1)^2}\right]} \tag{2-35}$$

$$\widetilde{D}_o=\begin{cases}\dfrac{4\widetilde{A}_o}{(\widetilde{S}_o+\widetilde{S}_i)}, & \widetilde{v}_o>\widetilde{v}_w\\[2ex] \dfrac{4\widetilde{A}_o}{\widetilde{S}_o}, & \widetilde{v}_o\approx\widetilde{v}_w\\[2ex] \dfrac{4\widetilde{A}_o}{\widetilde{S}_o}, & \widetilde{v}_o<\widetilde{v}_w\end{cases} \tag{2-36}$$

$$\widetilde{D}_w=\begin{cases}\dfrac{4\widetilde{A}_w}{\widetilde{S}_w}, & \widetilde{v}_o>\widetilde{v}_w\\[2ex] \dfrac{4\widetilde{A}_w}{\widetilde{S}_w}, & \widetilde{v}_o\approx\widetilde{v}_w\\[2ex] \dfrac{4\widetilde{A}_w}{(\widetilde{S}_w+\widetilde{S}_i)}, & \widetilde{v}_o<\widetilde{v}_w\end{cases} \tag{2-37}$$

在式(2-25)中，所有参数都可以表示为 $\widetilde{h}_{w}$ 的函数。已知 v_{sw}、v_{so}、ρ_{w}、μ_{w}、ρ_{o}、μ_{o}、D，可求解 X^2 和各个参数，通过迭代计算得到 $\widetilde{h}_{w}$ 的值。

2.1.2 入口流型为分散流型时计算模型

当流速增加到一定程度后，油水两相将逐渐过渡到分散流型，此时其中一相将以液滴形式存在于另一相之中，两相之间不再有明显的分界面出现，分岔管路内的两相流动特性是非常复杂的。而近年来随着计算能力的快速提升以及多相流模型和数值计算方法的不断完善，对复杂几何结构体内的多相流动现象进行三维数值模拟也已经成为可能。通过数值模拟，不但可以给出计算区域内任意位置处的相含率、压力分布、各相的速度场和流线分布情况，定量给出分流比和油水两相分配比例，而且还能够系统研究各个参数对油水相分配的影响，在此基础上对装置结构尺寸、入口条件和运行工况进行优化。因此，利用 Eulerian 方法计算入口管路内为带有混合层的分层流型和分散流型时的油水相分配比和分离效率，结合基于各向异性假设的雷诺应力模型（RSM），相间相互作用采用 Morsi-Alexander 模式，定常湍流流动入口为油水混合液，水为连续相，油为分散相。

（1）连续性方程

$$\nabla(\alpha_{q}\rho_{q}\vec{v}_{q})=0 \tag{2-38}$$

式中，下标 q 表示 q 相的参数，其中 α_{q}、ρ_{q} 和矢量v_{q} 分别表示 q 相的体积组分、密度和速度矢量。

（2）动量方程

油水分离中 q 相的动量守恒方程为：

$$\nabla\cdot(\alpha_{q}\rho_{q}\vec{v}_{q}\vec{v}_{q})=-\alpha_{q}\nabla p+\nabla\overline{\overline{\tau}}_{q}+\alpha_{q}\rho_{q}\vec{g}+K_{pq}(\vec{v}_{p}-\vec{v}_{q}) \tag{2-39}$$

其中，$\overline{\overline{\tau}}_{q}$可表示为：

$$\overline{\overline{\tau}}_{q}=\alpha_{q}\mu_{q}(\nabla\vec{v}_{q}+\nabla\vec{v}_{q}^{T})+\alpha_{q}(\lambda_{q}-\frac{2}{3}\mu_{q})\nabla\vec{v}_{q}\overline{\overline{I}} \tag{2-40}$$

式中，K_{pq}受摩擦、压力、内聚力和其他因素的影响，采用 Morsi-Alexander 相间交换模式，即假定油水两相流的第二项以液滴形式存在，K_{pq}可以写成如下形式：

$$K_{pq}=\frac{3\mu_q\alpha_p Re}{4d_p^2}\left(a_1+\frac{a_2}{Re}+\frac{a_3}{Re^2}\right) \tag{2-41}$$

$$Re=\frac{\rho_q|\vec{v}_p-\vec{v}_q|d_p}{\mu_q} \tag{2-42}$$

$$a_1,\ a_2,\ a_3=\begin{cases}0,\ 18,\ 0 & 0<Re<0.1\\ 3.690,\ 22.73,\ 0.0903 & 0<Re<1\\ 1.222,\ 29.1667,\ -3.8889 & 0<Re<10\\ 0.6167,\ 46.50,\ -116.67 & 10<Re<100\\ 0.3644,\ 98.33,\ -2778 & 100<Re<1000\\ 0.357,\ 148.62,\ -47500 & 1000<Re<5000\\ 0.46,\ -490.546,\ 578700 & 5000<Re<10000\end{cases} \tag{2-43}$$

（3）湍流模式

采用基于混合溶液的 RNG $k-\varepsilon$ 湍流模型求解 $k-\varepsilon$ 输运方程的方式，湍动能及耗散率输运方程：

$$\nabla\cdot(\rho_m\vec{v}_m k)=\nabla\cdot\left(\frac{\mu_{t,m}}{\sigma_k}\nabla k\right)-\rho_m\varepsilon+G_{k,m} \tag{2-44}$$

$$\nabla\cdot(\rho_m\vec{v}_m\varepsilon)=\nabla\cdot\left(\frac{\mu_{t,m}}{\sigma_\varepsilon}\nabla\varepsilon\right)+\frac{\varepsilon}{k}(C_{1\varepsilon}G_{k,m}-C_{2\varepsilon}\rho_m\varepsilon) \tag{2-45}$$

$$G_{k,m}=\mu_{t,m}[\nabla\vec{v}_m+(\nabla\vec{v}_m^T)]\nabla\vec{v}_m \tag{2-46}$$

$$\mu_{t,m}=\rho_m C_\mu\frac{k^2}{\varepsilon} \tag{2-47}$$

式中　$C_{1\varepsilon}=1.44$，$C_\mu=0.0845$，$C_{2\varepsilon}=1.92$，$\sigma_k=1.0$，$\sigma_\varepsilon=1.3$；

k——湍动能；

ε——耗散率；

$G_{k,\mathrm{m}}$——湍动能生成相；

$\mu_{\mathrm{t,m}}$——湍流黏度。

体积分数方程：

$$\nabla \cdot (\alpha_{\mathrm{o}}\rho_{\mathrm{o}} \vec{v}_{\mathrm{m}}) = -\nabla \cdot (\alpha_{\mathrm{o}}\rho_{\mathrm{o}} \vec{v}_{\mathrm{dr,o}}) \tag{2-48}$$

2.2 T形管内油水两相流动规律的数值模拟

2.2.1 T形管中流量配比对分离效果的影响

图 2-5(a)～(d)给出了入口流速 $v_{\mathrm{m}}=1.70\mathrm{m/s}$，$\alpha_{\mathrm{oi}}=0.05$ 时不同流量配比下的油相含率云图。可以看出，当流量配比 $F_{\mathrm{bi}}=0.20$ 时，直至第 7 根垂直管路处在下水平管路内仍然有相当一部分油相存在。随着流量配比的增加，更多的油相经过前面几根垂直管路进入了上水平管路内，因而下水平管路内的含油率会逐渐降低。相应地，当流量配比 F_{bi} 增加后，可以看出上水平管路出口处的含油率是明显下降的。

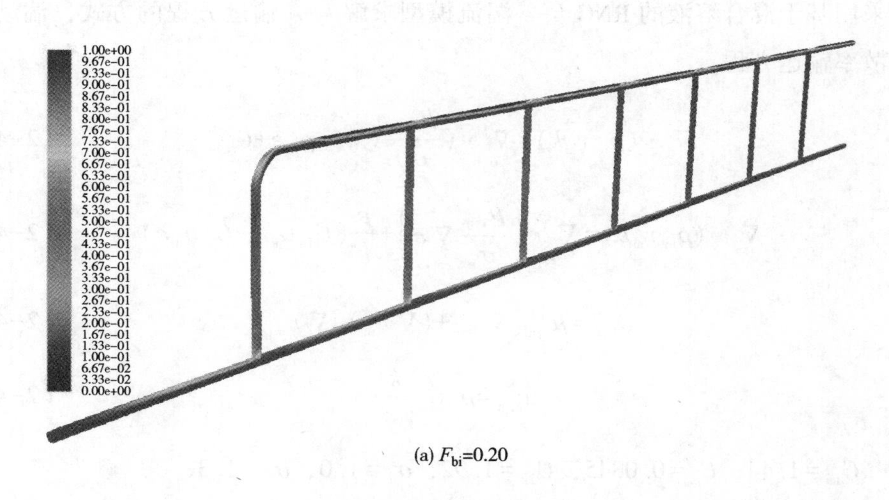

(a) F_{bi}=0.20

图 2-5　$v_{\mathrm{m}}=1.70\mathrm{m/s}$，$\alpha_{\mathrm{oi}}=0.05$ 时不同流量配比 F_{bi} 下的油相含率云图

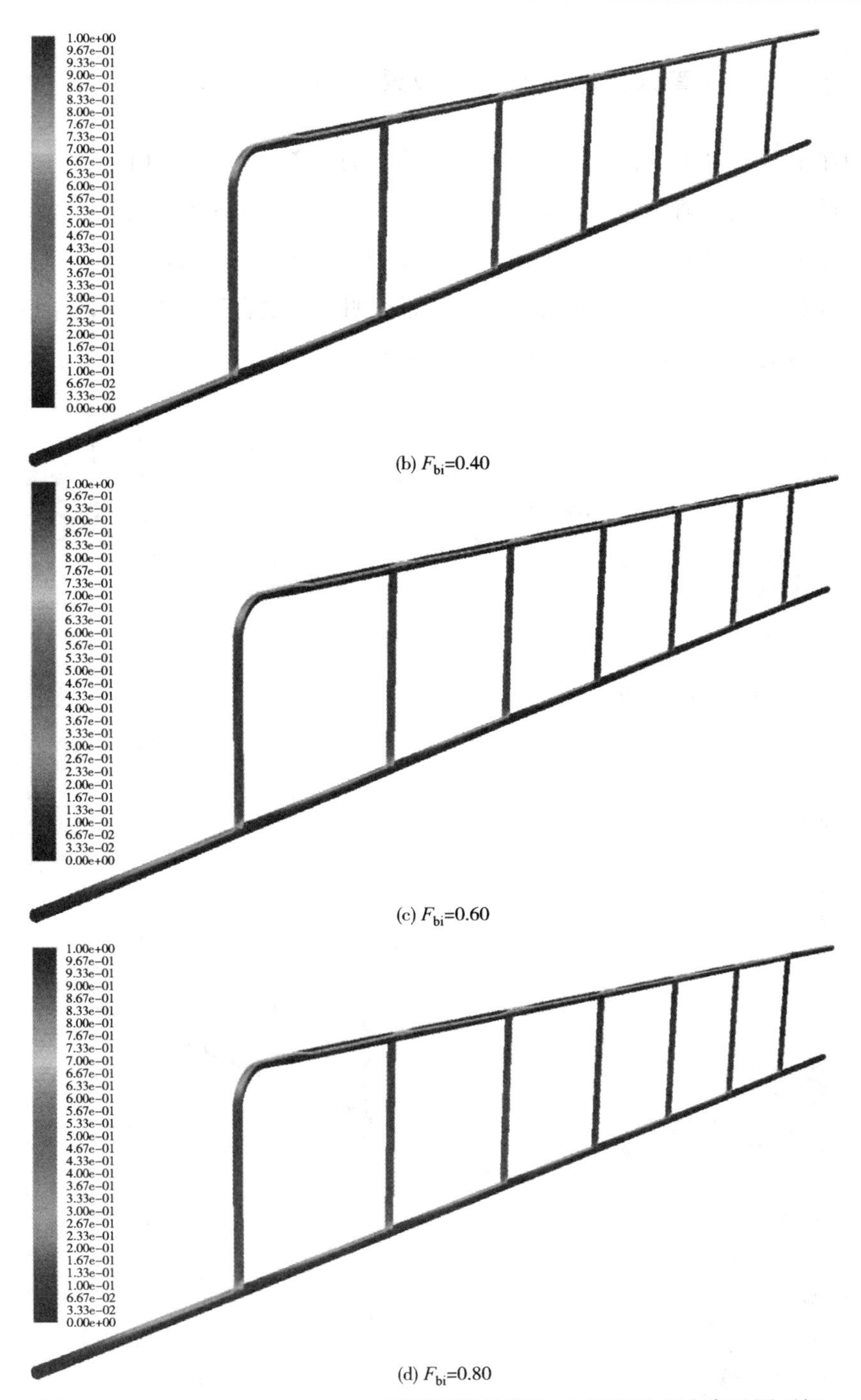

(b) F_{bi}=0.40

(c) F_{bi}=0.60

(d) F_{bi}=0.80

图 2-5 $v_m = 1.70$m/s，$\alpha_{oi} = 0.05$ 时不同流量配比 F_{bi} 下的油相含率云图(续)

2.2.2 T 形管入口流速对分离效果的影响

对于七分岔 T 形管在不同入口混合流速下的分离效率分析如下。

由图 2-6 可以看出，当 $v_m=0.50\text{m/s}$ 时，经过第 2 根垂直管路后，油相就已经几乎全部进入了上水平管路，而当 $v_m=1.50\text{m/s}$ 时，直至第 7 根垂直管路处仍有部分油相在下水平管路内出现，这一结果说明入口混合流速对油水分离效果有着非常显著的影响。入口流速过高对分离反而是不利的。

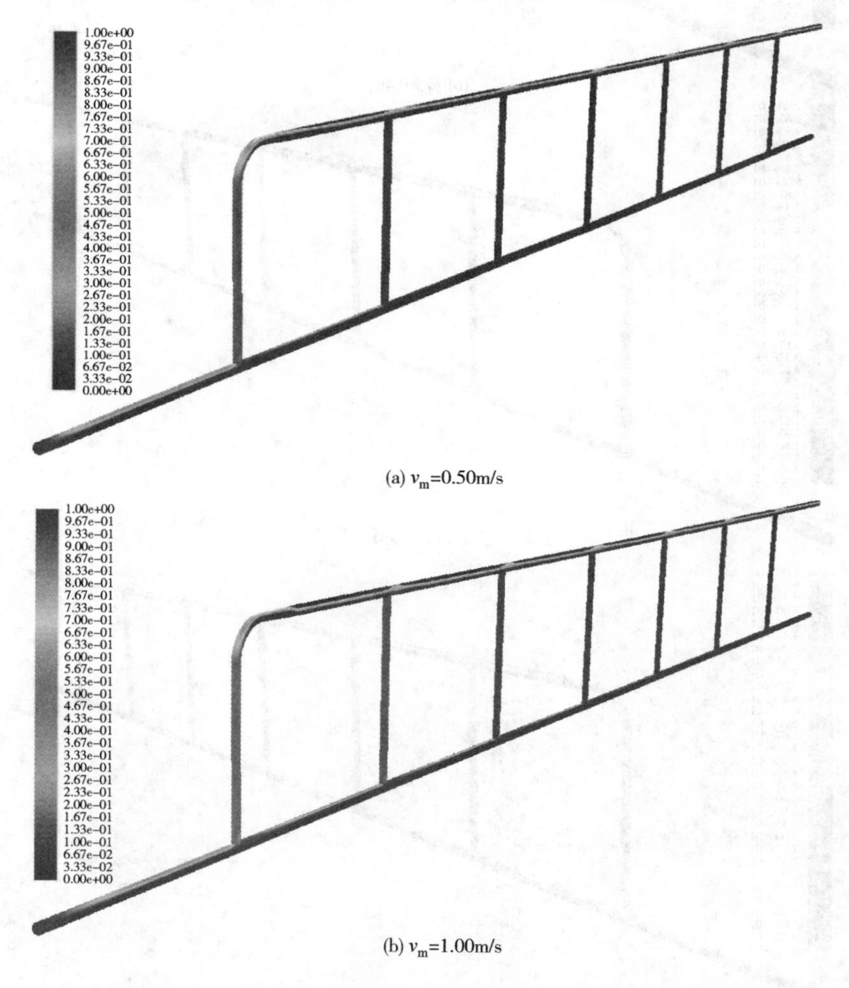

(a) $v_m=0.50\text{m/s}$

(b) $v_m=1.00\text{m/s}$

图 2-6　$F_{bi}=0.40$，$\alpha_{oi}=0.05$ 时不同入口流速 v_m 下的油相含率云图

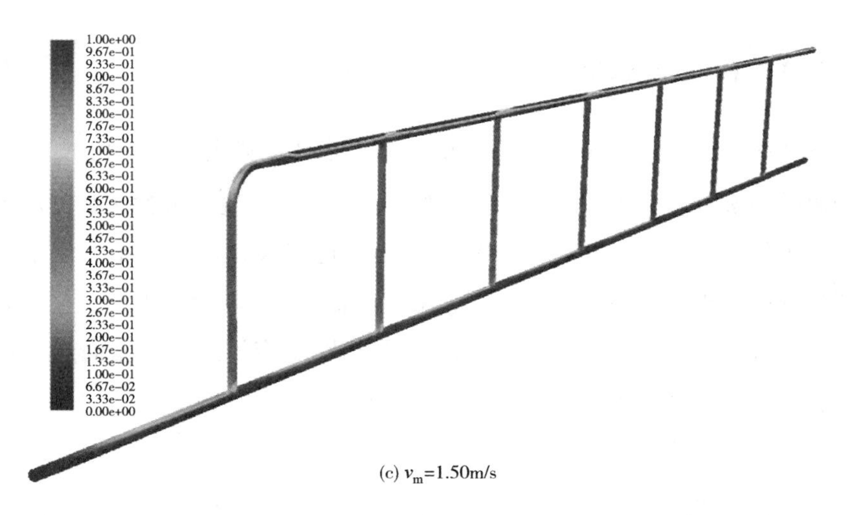

(c) v_m=1.50m/s

图 2-6　$F_{bi}=0.40$，$\alpha_{oi}=0.05$ 时不同入口流速 v_m 下的油相含率云图(续)

图 2-7 中给出了不同入口流速下的 $v_m-\eta$ 曲线。显然，当流量配比 F_{bi} 保持 0.40 不变时，分离效率 η 随着混合流速 v_m 的增加而逐渐降低，由 $v_m=0.50$m/s 时的 $\eta=63.82\%$降至 $v_m=1.70$m/s 时的 $\eta=51.56\%$。

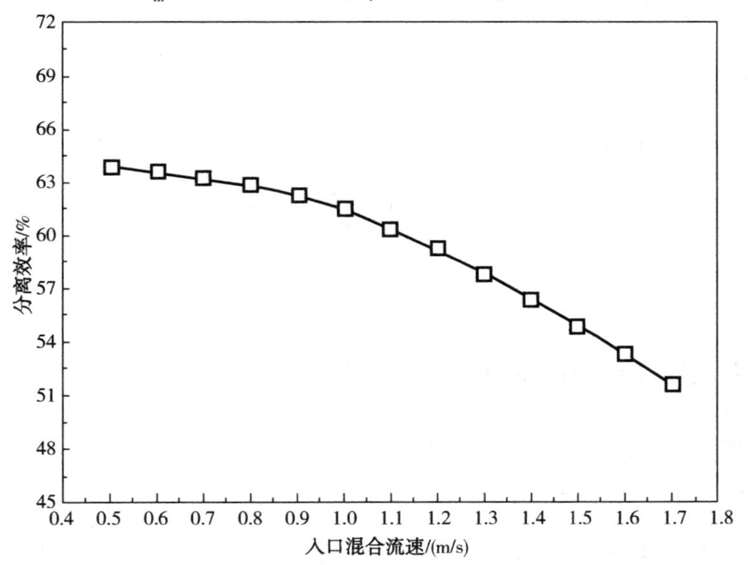

图 2-7　$v_m-\eta$ 曲线

($F_{bi}=0.40$，$\alpha_{oi}=0.05$ 时入口混合流速 v_m 的影响)

2.2.3 T 形管根数对分离效果的影响

由图 2-8(入口 $v_m=1.0\mathrm{m/s}$，$\alpha_o=0.1$)可以看出，随着流量配比 F_{bi} 的逐渐增大，分离效率 η 均呈先上升后下降的变化趋势。此外，随着分岔次数的增加，分离效率最大值 η_{max} 对应的流量配比 F_{bi} 将逐渐接近于入口含油率 α_o。由于目前油田需要处理的油水混合物中，大多数情况下含油率都比较低，因此，在将多分岔管路应用于现场进行油水分离作业时，流量配比 F_{bi} 应该选择在略高于入口含油率附近，以保证较高的分离效率。

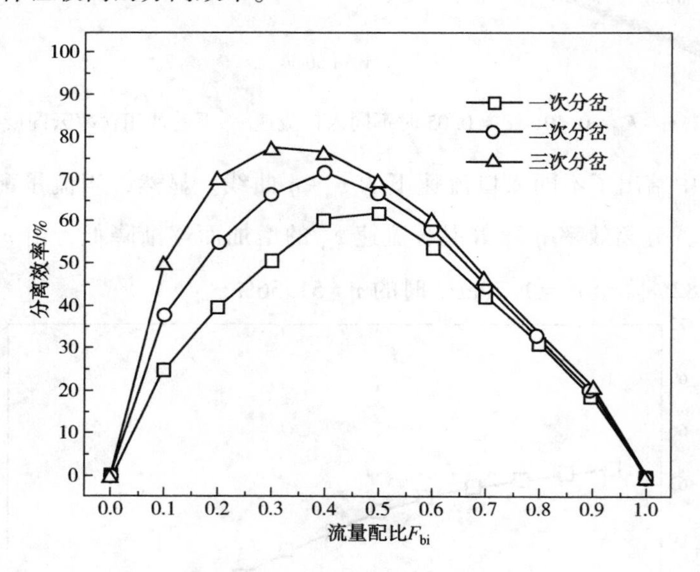

图 2-8　分离效率随 T 形管根数的变化

2.2.4 入口含油率对 T 形管油水分离效果的影响

在 T 形分岔管路中，分岔接头内的油水相分布在两相分离中起着非常关键的作用。在图 2-9 中，当入口混合流速 $v_m=0.60\mathrm{m/s}$，入口含油率 α_o 为 0.05、0.10、0.20 和 0.30 时，可以看出分岔接头内的油、水相分布呈现出非常复杂的三维拓扑结构。在分支管路入口段靠近入口管路一侧，存在一个明显的回流区，部分油相会被卷入这一区域[图 2-9(b)]。在同样的流量配比 $F_{bi}=0.15$ 下，当入口含油率为 0. 05 和 0. 10 时，油相分散在水相中，且所有的油相均进入了分支管路，而当入口含油率增至 0. 20 和 0. 30 后，情况变得更为复杂，一部分油相将和水相一起流入下游主管路内。因此，同样入口条件和运行工况下随着入口含油率的增加，油水分离效率将会逐渐降低。

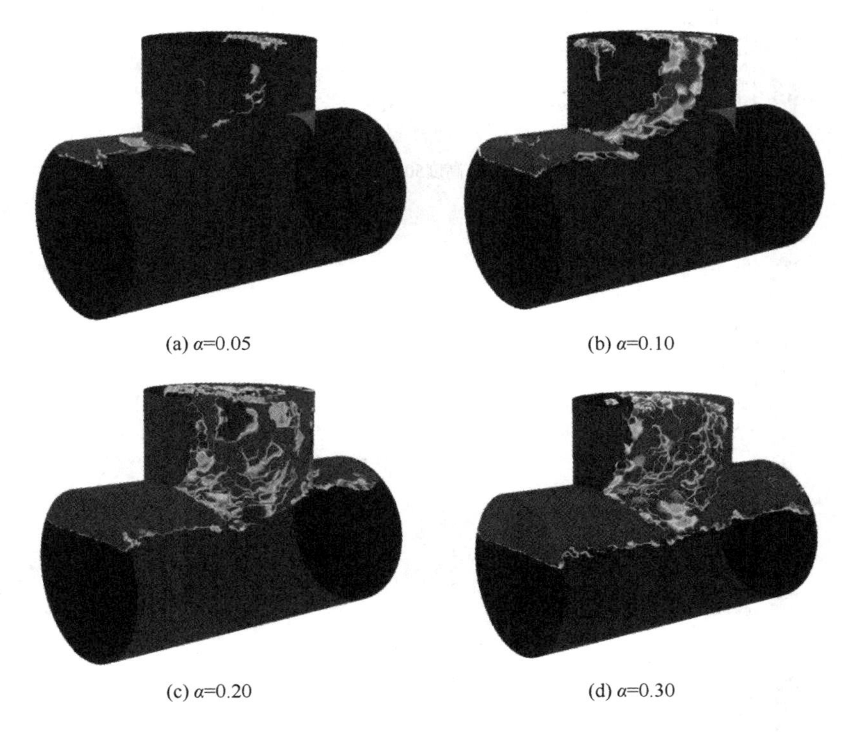

(a) α=0.05　(b) α=0.10

(c) α=0.20　(d) α=0.30

图 2-9　不同入口含油率下分岔接头内的油水相分布情况，$F_{bi}=0.15$

2. 2. 5　T 形管高度对油水分离效果的影响

在 T 形分岔管路中，T 形管的高度对油水两相的分离也有影响。在图 2-10 中，当入口混合流速 $v_m=0.60$m/s，入口含油率 α_o 为 0. 05 时，可以看出，在相同的工况下，当 T 形管的高度为 600mm 时，3 根竖直管中的油相均较多，即 3 根竖直管都起到分离的作用。当 T 形管的高度大于或者小于 600mm 时，只有最靠近入口处的竖直管起到分离的作用，后面的 2 根分离作用没有第 1 根明显，因此 T 形管高度为 500mm 高就可以满足要求。

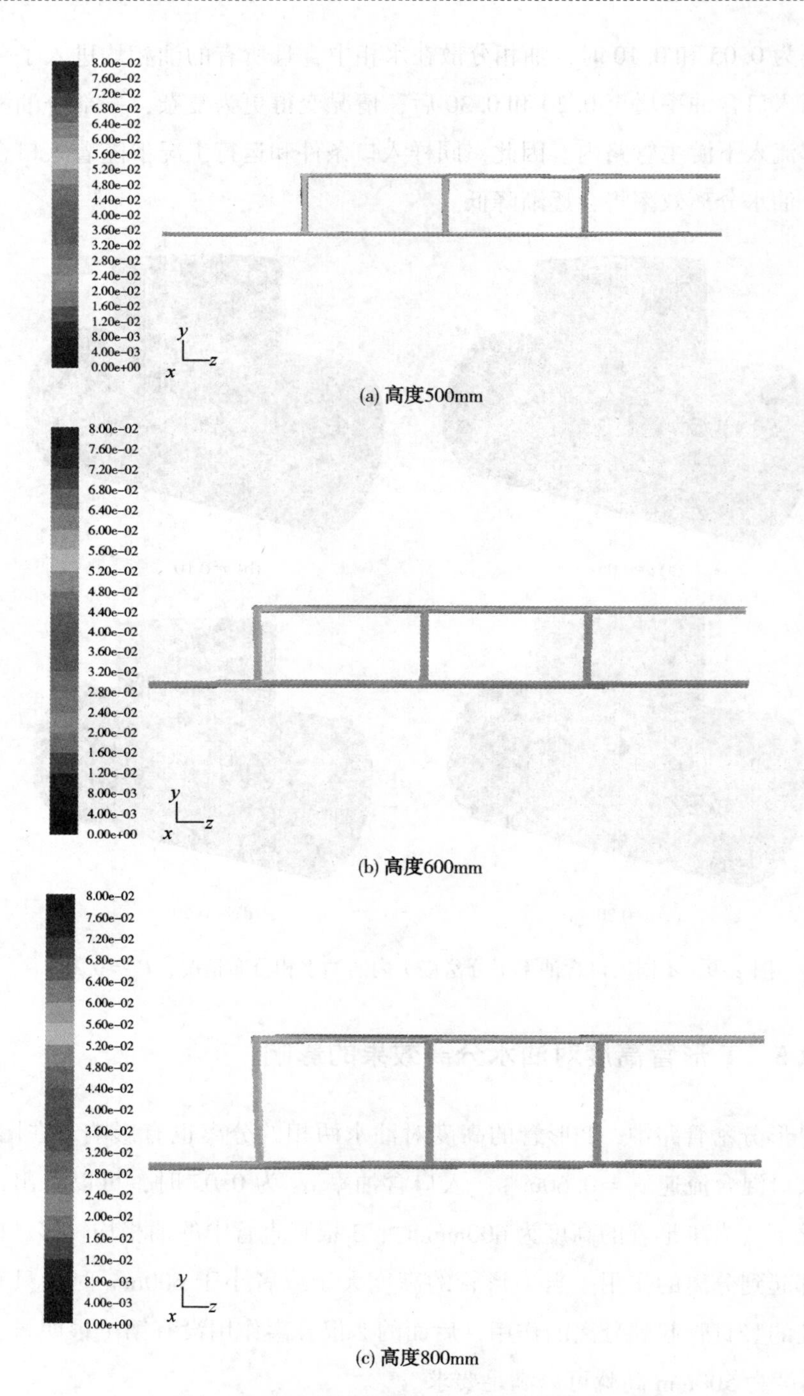

(a) 高度500mm

(b) 高度600mm

(c) 高度800mm

图 2-10　T 形管高度对油水分离效果的影响

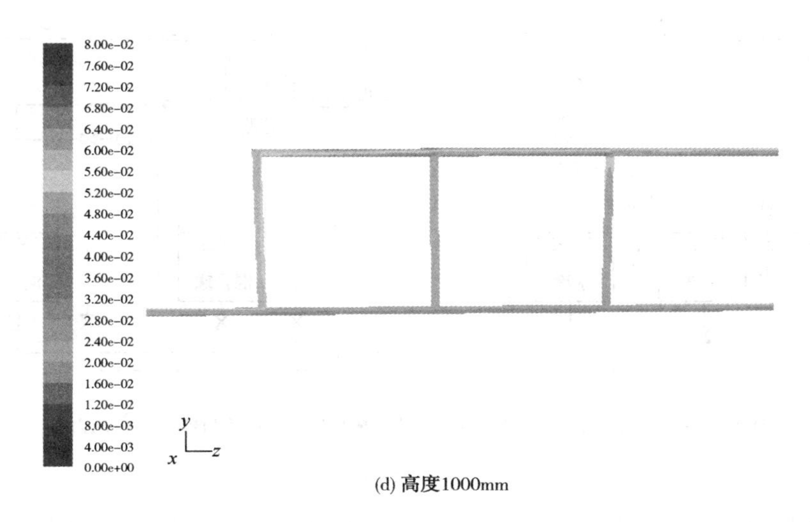

(d) 高度1000mm

图 2-10 T 形管高度对油水分离效果的影响(续)

2.3 T 形管内油水两相流动规律实验研究

2.3.1 室内实验平台

为了开展管道式油水分离的实验工作，专门搭建了流体多相分离实验平台，实验系统图如图 2-11 所示。包括 3 根垂直管路和 2 根水平管路，管路内径均为 0.05m，主要用来测量不同入口工况和运行条件下各个水平管路内的截面相含率和表观流速。所有管路均采用有机玻璃制成，便于在实验中观察油水两相的流动情况。

实验系统主要是由供给系统、数据采集系统和采样系统等几部分组成，下面将进行简单的介绍。

(1) 供给系统

在整个实验平台上，供给装置主要由储油罐、储水罐、射流混合器、供气系统、水循环系统、油循环系统以及配套的管路、阀门等组成。主管路的直径为 50mm，其中水相是由德国 CHI 和丹麦 AP 系列水泵驱动，油路系统由国产 RCB

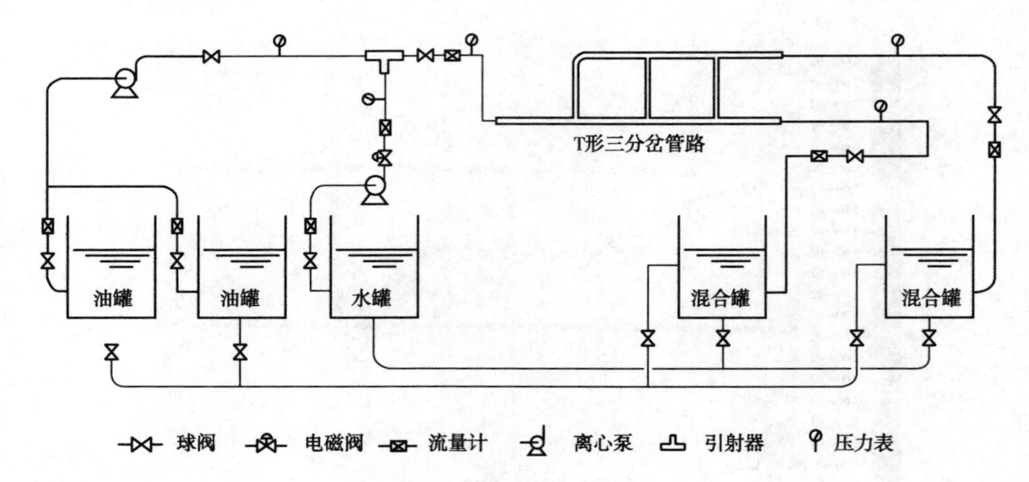

图 2-11 实验系统流程图

系列油泵驱动，油水配比在 0~100%范围内可调节。实验中进行管路清扫操作的空气由意大利 Fini-BK20 空气压缩机提供，其最大工作压力为 1.0MPa，通过储气罐和调压系统后，单相时管内气体最大流速可达 50m/s。油水两相在射流混合器按照一定比例充分混合后，在水平管和垂直管中可产生不同的油水流型，包括分层流型、波状流型、弹状流型和分散流型等。

实验过程中，通过油泵和水泵分别将油水两相从油罐和水罐中引入输送管路，在引射器内混合后进入实验段。经过实验段后，主管路下游出口处的液相混合物（通常是富水混合物）和分支管路出口处的液相混合物（通常是富油混合物）分别进入两个混合罐内进行重力沉降，然后再通过泵循环回至油罐和水罐。

（2）数据采集系统

实验中，水相、油相和气相分别通过电磁流量计、涡轮流量计和质量流量计进行计量。压力和压差信号采用 CYB13 隔离式压力变送器和 CYB23 隔离式差压变送器进行测量，这两种变送器均经过精密的温度补偿、信号放大、V/I 转换，并自动将压力和压差信号转换为工业标准的 4~20mA 信号输出，精度均优于 0.1%FS。

在实验之前，首先在室内对压力变送器和压差变送器进行了标定，并根据所测数据回归得到了压力和电压之间的关系式，典型的标定结果如图 2-12 所示。

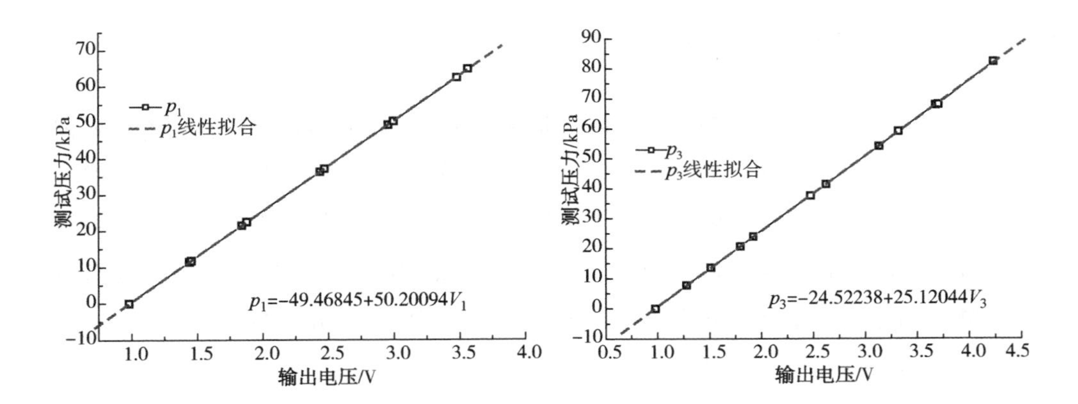

图 2-12　压力变送器标定

（3）采样系统

为了定量描述油水两相在分岔管路内的相分配现象，需要测量不同入口工况和运行条件下各个水平管段和垂直管段内的油水比例。为此，在实验装置的各个T形接头处都安装了电磁阀装置，实验中可以通过快速关闭电磁阀门，并通过管路上专门开设的取样口将管路内的油水混合物接出来，测量后就可以得到各个管段内的油水比例数据，图 2-13 为一组工况下通过采用系统采出的油水混合物，其中白色部分为油相，深红色部分为加入高锰酸钾后的水相。

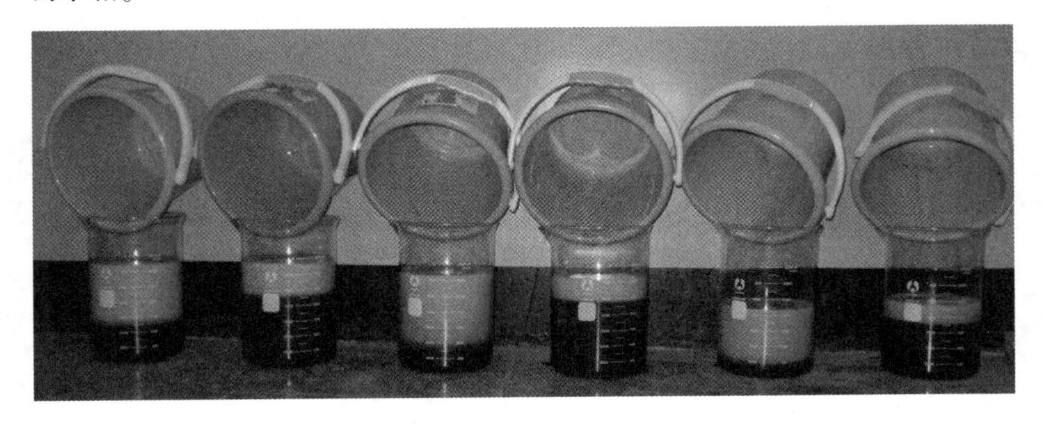

图 2-13　取样口采出油水混合物

2.3.2 实验结果与分析

由于分岔管路内的两相流动特性是非常复杂的，影响因素众多，如入口含油率、入口混合流速、入口流型、T形管的结构参数等。一些因素如入口含油率和入口混合流速可以通过室内实验来研究其对T形管中相分配不均的影响，但是入口流型、T形管的结构参数等由于试验条件有限，需要通过数值模拟实验来研究。本部分结合数值模拟和实验综合研究了T形管中油水分离的特征。

（1）双流线模型的验证

图2-14比较了主管路下游和分支管路内截面相含率 α 的实验数据和模型预测值，其中截面相含率 α 的实验值是通过快关阀测量得到的。如图所示，部分实验数据和预测值之间的相对误差在±20.0%范围内，这在工程应用上是可以接受的。但是，也有部分实验数据与计算值之间相对误差达到了40%~60%，表明结合双流线模型和分相流模型来计算单分岔管路内的油水两相流动有较大的误差存在。此外，该理论模型只能适用于流速和含油率均较低时的情况，这就在很大程度上限制了模型的使用范围。

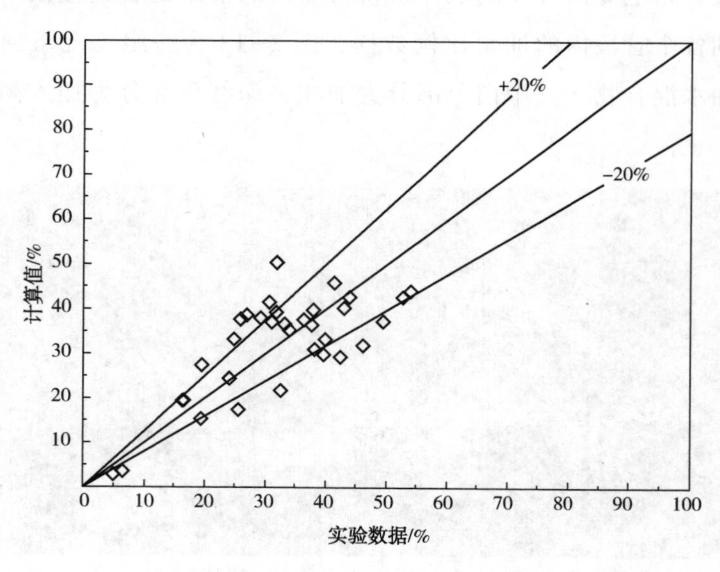

图2-14　主管路下游和分支管路内截面相含率实验数据与理论预测值

（2）欧拉模型的验证

对两种流型下的四组实验工况(表 2-1)的油水两相分配比进行了数值模拟，其中油水两相的物性参数如表 2-2 所示。由图 2-15 可以看出，油水相分配比的计算结果与实验数据趋势一致、符合较好。当分支管路垂直布置时，只有当油相比例已经超过某一临界值后水相才开始进入分支管路内，表明采用欧拉多相流模型能够对分岔管路内的油水两相分配比例进行准确的预测。

表 2-1　四组实验工况

序号	流型	混合流速/(m/s)	含油率/%	水相表观流速/(m/s)	油相表观流速/(m/s)
1#	*St&Mi*	0.85	27.3	0.62	0.23
2#	*Ds*	1.80	25.0	1.35	0.45
3#	*St&Mi*	0.84	44.4	0.47	0.37
4#	*Ds*	1.80	25.0	1.35	0.45

表 2-2　油水两相的物性参数

	油 相	水 相
密度/(kg/m^3)	946.9.0	998.0
黏度/[kg/(m·s)]	0.280	0.001
界面张力/(N/m)	0.024	

（3）分岔次数对 T 形管油水分离的影响

如前所述，在实验系统中安装快关阀装置，用来测量各段水平管路内的截面相含率，据此可计算得到油水两相经过相分配后的油相比例 F_o 和水相比例 F_w。图 2-16 给出了部分实验工况下油水两相经过二次和三次 T 形分岔节点后的相分配比例情况。此外，图中还给出了单分岔管路中的相分配比例实验数据，以更好地了解分岔次数对油水分离效果的影响。总体而言，随着分岔次数的增加，F_o-F_w 分布曲线逐渐往右下角方向移动，表明油相比例显著增大，而水相比例逐渐减小，即油水两相之间发生了明显的分离现象。如前所述，经过单分岔管路后，部分工况下甚至出现了水相比例 F_w 高于油相比例 F_o 的情况，说明单个T形分岔管路的相分配不均现象对来流工况非常敏感，这一点与气-液两相经过单分岔管路后即可发生明显分离是不同的。

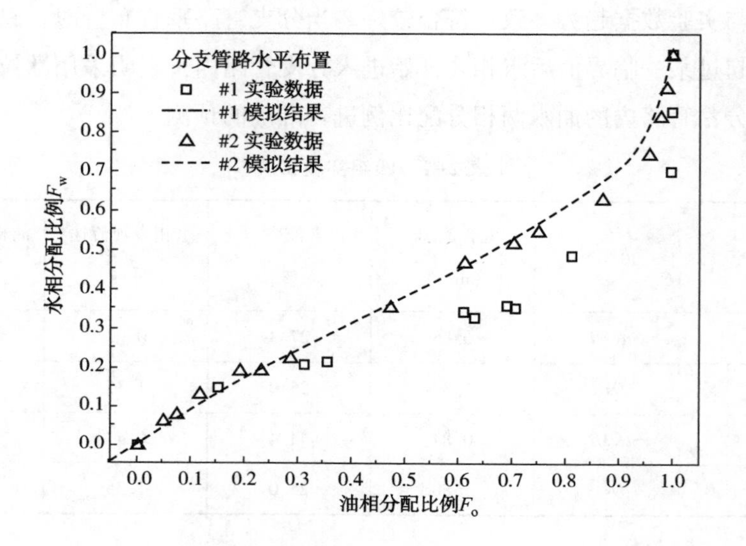

图 2-15　分支管路垂直向上布置

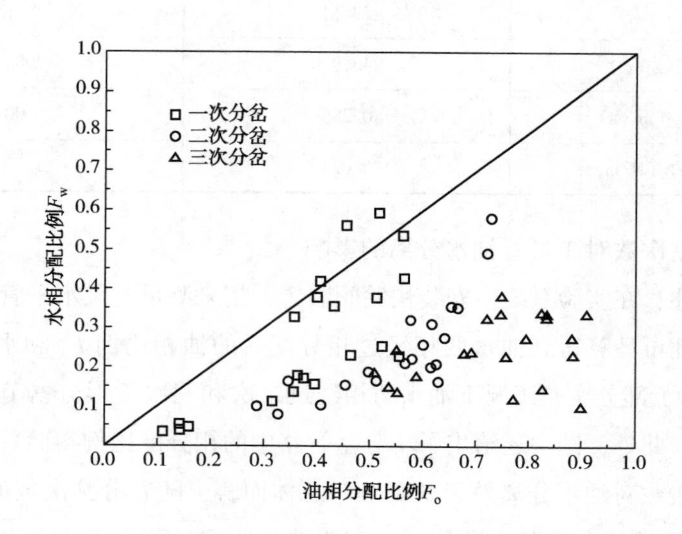

图 2-16　不同工况下的油水两相分配比例

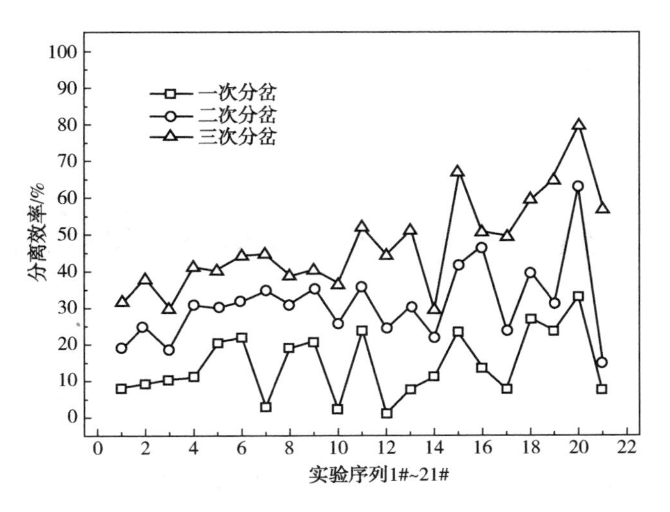

图 2-17　不同工况下的油水两相分离效率

此外，在经过二次和三次分岔后，所有工况下油相比例 F_o 都高于水相比例 F_w，不再出现 $F_w>F_o$ 的情况。因此，在对油水两相进行分离作业时，为了改善油水分离效果，可以采用多个T形分岔管路串联的方式，即T形多分岔管路。

为定量描述分岔次数对油水分离效果的影响，图 2-17 给出了部分实验工况下的分离效率 η，可以看出，经过 2 根垂直管路后，分离效率 η 在 20.0%~35.0%范围内，部分工况下超过了 60.0%。经过 3 根垂直管路后，分离效率 η 整体上有所上升，基本稳定在 40.0%~55.0%范围内，最大值达到了 82.35%。作为比较，此处也给出了单根垂直管路的实验结果，可以看出油水分离效率 η 一般低于 20.0%，极少数工况下可以高于 30.0%。因此，在运行工况控制适当的前提下，增加垂直管路的数目可以明显提高油水两相的分离效率。

3 柱形旋流器油水分离技术

3.1 柱形旋流管的设计理论及方法

柱形旋流器的工作原理是油水混合物沿着入口切向进入旋流器的柱体中，形成旋流场。在旋流场中，在径向上，由于油水两相密度的差异，密度小的油相因受到的向心浮力大于离心力，从而向轴心运动形成内旋流，密度大的油相则相反向壁面运动形成外旋流；在轴向方向上，运动到轴心区域的油相最终在轴向压差作用下从溢流口流出，运动到柱体壁面附近的水相则在重力作用下向底流口运动并最终从底流口流出，从而实现了油水分离，如图 3-1 所示。

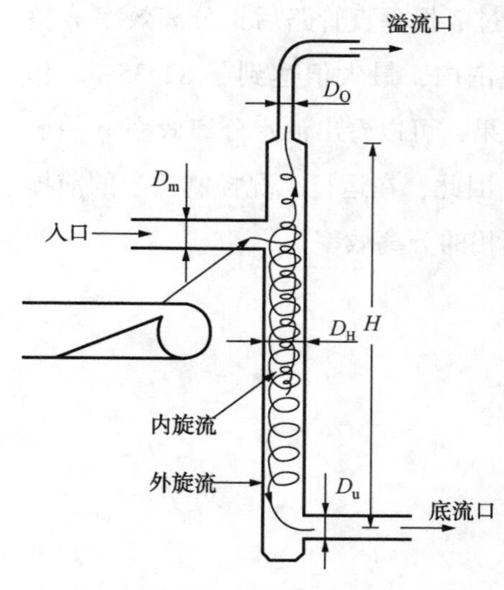

图 3-1 柱形旋流器结构示意图

柱形旋流器的分离是很复杂的多相流动，因此有必要对油滴的运动进行分析，可以用油滴在旋流器中的运动来说明，油水在旋流器中的流动从二维的平面来看，属于组合螺旋涡运动：自由涡和强制涡。油水的分离过程主要在自由涡区域内完成，即假设油滴运动到强制涡区域就可以从溢流口流出。在上述前提下，建立油滴在旋流管中的分离模型，并作如下假设：①旋流管中的强制涡区域为以溢流口圆截面为底面，向柱体内部延伸的柱体；②油滴在切向入口与柱体强制涡区域之间的环形区域中下行的速度与水相同；③进入旋流管中的流体切向速度等于入口速度；④油滴的径向沉降服从 Stockes 定律；⑤油滴为刚性小球。

液滴进入强制涡区域进而从溢流口流出的条件为：液滴从入口处运动到强制涡区域柱体下端面所需的时间 t_1 大于等于液滴从壁面 $\frac{D_H}{2}$ 处沉降到 $\frac{D_O}{2}$ 处的沉降时间 t_2，即 $t_1 \geqslant t_2$。

t_1 的计算：由假设②和③可知，其由柱体壁面与柱体强制涡区域之间的环形区域体积和入口流量决定，故

$$t_1 = \frac{\frac{\pi}{4}(D_H^2 - D_O^2)\frac{H}{2}}{\frac{\pi}{4}D_m^2 U_m} = \frac{(D_H^2 - D_O^2)H}{2D_m^2 U_m} \tag{3-1}$$

式中 D_H——旋流管柱体直径，m；

D_O——溢流管直径，m；

D_m——主管路直径，m；

H——柱体的高度，m；

U_m——主管路中的混合流速，m/s。

T_2 径向沉降时间计算：根据假设④，油滴在径向方向的沉降服从 Stocks 定律，由 Stocks 沉降速度公式，得：

$$\frac{\mathrm{d}r}{\mathrm{d}t} = U_r = \frac{d^2(\rho_w - \rho_o)U_t^2}{18\mu r} \tag{3-2}$$

式中 r——液滴所在位置的半径，m；

d——液滴的粒径，m；

ρ_w、ρ_o——分别为油、水的密度，kg/m³；

U_t——液滴切向速度，m/s；

μ——水的黏度，Pa·s；

t——时间，s。

在自由涡区域，切向速度的表达式为：

$$U_t r^n = C = \alpha U_{in}\left(\frac{D_H}{2}\right)^n \tag{3-3}$$

式中　n、C——常数，n 通常在 0.5~0.9 之间；

α——速度衰减系数，其值在 0~1 之间；

U_{in}——旋流器入口与柱体相接处的流速，m/s。

将式(3-3)代入式(3-2)中，得：

$$\frac{dr}{dt} = U_r = \frac{d^2(\rho_w - \rho_o)\alpha^2 U_{in}^2\left(\frac{D_H}{2}\right)^{2n}}{18\mu r^{2n+1}} \tag{3-4}$$

将上式分离变量并积分，积分上、下限由油滴沉降时的时间-位置对应关系确定：即 $t=0$ 时，油滴在$\frac{D_H}{2}$处，$t=t_2$ 时，油滴在$\frac{D_O}{2}$处，得：

$$-\int_{\frac{D_H}{2}}^{\frac{D_O}{2}} r^{2n+1}dr = U_r = \frac{d^2(\rho_w - \rho_o)\alpha^2 U_{in}^2\left(\frac{D_H}{2}\right)^{2n}}{18\mu}\int_0^{t_2}dt \tag{3-5}$$

积分求得沉降时间 t_2：

$$t_2 = \frac{9\mu\left[\left(\frac{D_H}{2}\right)^{2n+2} - \left(\frac{D_O}{2}\right)^{2n+2}\right]}{(n+1)d^2(\rho_w - \rho_o)\alpha^2 U_{in}^2\left(\frac{D_H}{2}\right)^{2n}} \tag{3-6}$$

由 $t_1 \geqslant t_2$ 得到粒径的表达式：

$$d \geqslant \left\{\frac{18D_m{}^2\mu\left[\left(\frac{D_H}{2}\right)^{2n+2} - \left(\frac{D_O}{2}\right)^{2n+2}\right]U_m}{(n+1)(\rho_w - \rho_o)\alpha^2 U_{in}^2\left(\frac{D_H}{2}\right)^{2n}(D_H^2 - D_O^2)H}\right\}^{\frac{1}{2}} \tag{3-7}$$

当 d 取最小时，即为油滴能被分离的最小粒径。

旋流管入口前的主管路直径为 50mm，入口管段变截面前的管径为 100mm，变截面的面积为入口管段变截面前的面积的 1/10，由流量守恒原理，可得：

$$U_{in} = \frac{5}{2}U_m \tag{3-8}$$

将式(3-8)代入式(3-7)中，并考虑等式成立的临界情况，得到油滴能分离的临界粒径表达式：

$$d_{pc}=\left\{\frac{72D_m^2\mu\left[\left(\frac{D_H}{2}\right)^{2n+2}-\left(\frac{D_O}{2}\right)^{2n+2}\right]}{25(n+1)(\rho_w-\rho_o)\alpha^2U_m\left(\frac{D_H}{2}\right)^{2n}(D_H^2-D_O^2)H}\right\}^{\frac{1}{2}} \tag{3-9}$$

李雪斌等人分析了旋流器中液滴聚结机理，发现对于特定的旋流器和分离物料，存在临界流量。当入口流量低于临界流量时，分散相液滴的最大粒径随着入口流量的增加而增大；当入口流量高于临界流量时，分散相液滴的最大粒径随着入口流量的增加而减小。

其中临界流量的表达式如下：

$$Q_{pc}=\left(\frac{3.19D_H^{4/5}V^{2/5}}{K^{7/5}\rho_w^{3/5}}\right)^{1/(m+1.2)}=\frac{\pi}{4}D_m^2U_{pc} \tag{3-10}$$

式中 Q_{pc}——临界入口流量，m^3/s；

V——旋流器体积，m^3；

K、m——系数，由试验获得；

U_{pc}——对应的临界主管路混合流速，m/s。

分散相液滴的最大粒径与入口流量之间的关系如下：

当 $Q\leqslant Q_{pc}$时：

$$d_{od,max}=KQ^m=K\left(\frac{\pi}{4}D_m^2U_m\right)^m \tag{3-11}$$

当 $Q>Q_{pc}$时：

$$d_{od,max}=\frac{3.19D_H^{1.6}V^{0.4}\sigma^{0.6}}{K^{0.4}\rho_w^{0.6}Q^{1.2}}=\frac{4.27D_H^{1.6}V^{0.4}\sigma^{0.6}}{K^{0.4}\rho_w^{0.6}D_m^{2.4}U_m^{1.2}} \tag{3-12}$$

式中 σ——油水界面张力，N/m。

Crowe 和 Karabeles 基于 Rosin-Rammler 粒径分布得出体积分数表达式，将小于等于最大粒径 $d_{od,max}$ 的体积分数设为 0.999，本文采用和 C. Oropeza 相同的设置，故得到粒径在 $d_{pc}\sim d_{od,max}$之间的体积分数表达式如下：

$$V_{\mathrm{cum}}=\exp\left[6.9077\left(\frac{d_{\mathrm{pc}}}{d_{\mathrm{od,max}}}\right)^{2.6}\right] \tag{3-13}$$

将设计的旋流管尺寸通过上述方法即可计算从溢流口流出的油相体积分数，其也反映了旋流管的分离效率，可通过循环算法试探得到旋流管柱体直径、高度和溢流管的直径最优结构。

上述方法可确定旋流管的直径，至于设计何种入口、底流口和溢流管的结构形式目前还没有完善的理论。由于旋流器中的油水两相流动特性是非常复杂的，学者们提出的一些经验和半经验模型普遍存在使用范围窄、相对误差较大等缺点，因此许多学者也开展了大量的数值模拟工作来探索结构对旋流器油水分离效果的影响。

3.2 柱形旋流管内油水分离的数值模拟

3.2.1 旋流管中流场分析

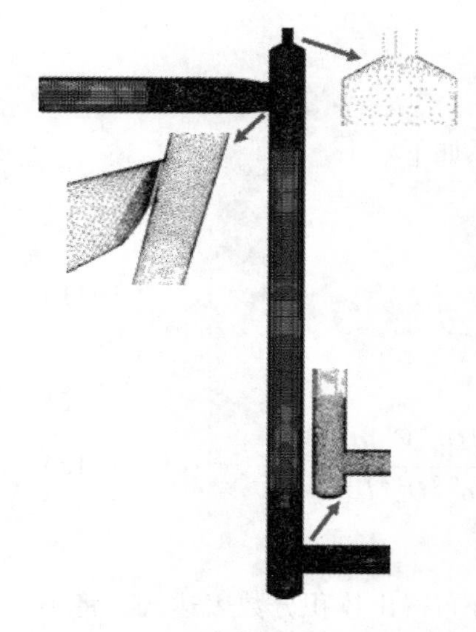

图 3-2 旋流管道结构示意图及网格划分

按照图 3-2 所示几何结构，在 GAMBIT 中建立三维几何模型，并将几何模型划分为切向入口段、直管段、底流出口段，其中切向入口段和底流出口段采用四面体结构网格，直管段采用六面体网格，整个模型的计算网格单元数为155906 个。

当水相表观流速为 0.354m/s，油相表观流速为 0.032m/s，入口油相含量为 0.081，图 3-3 显示了数值模拟与实验情况对比的结果(其中灰色的为油相)，发现油水两相在旋流管中的分布基本一致，两个出口的含油率结果误差在 5%以内，说明选用的模型用来计算油水两相在旋流管中的分离是基本可行的。

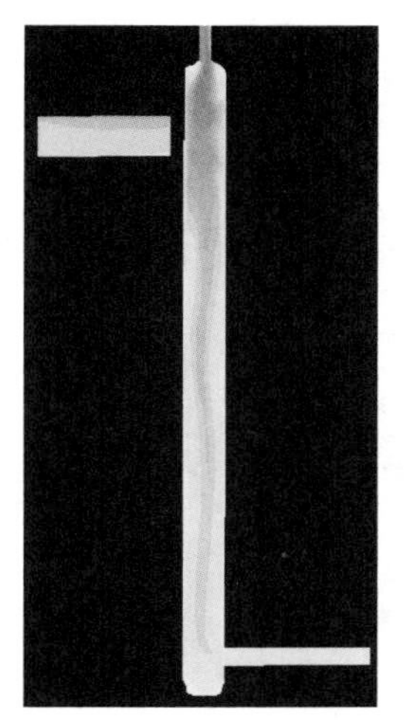

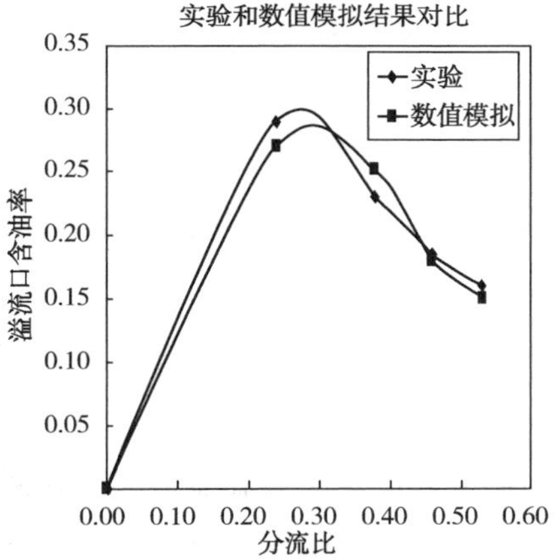

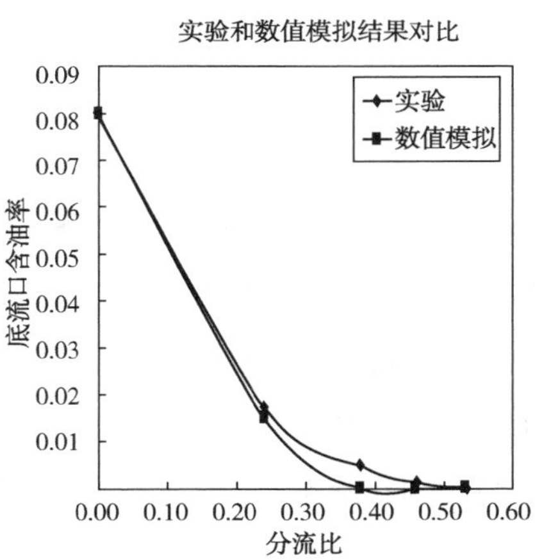

图 3-3 数值与实验结果对比

图 3-4 显示了液体在旋流管道内运动的迹线图。液体从水平进口管道以切线方向进入旋流器柱体内部，产生高速旋转运动。一部分的液体直接从上部的溢流口流出；另一部分液体经过外旋流向下运动，从底流口排出。其中，向下运动的液体还有一部分由于离心作用，进入旋流器柱体内部形成向上运动的内旋流，最后从顶部的溢流口排出。从轨迹线的条数，我们还可以看出，从入口进来的液体，大部分是从底流口流出的，只有小部分是从溢流口排出。

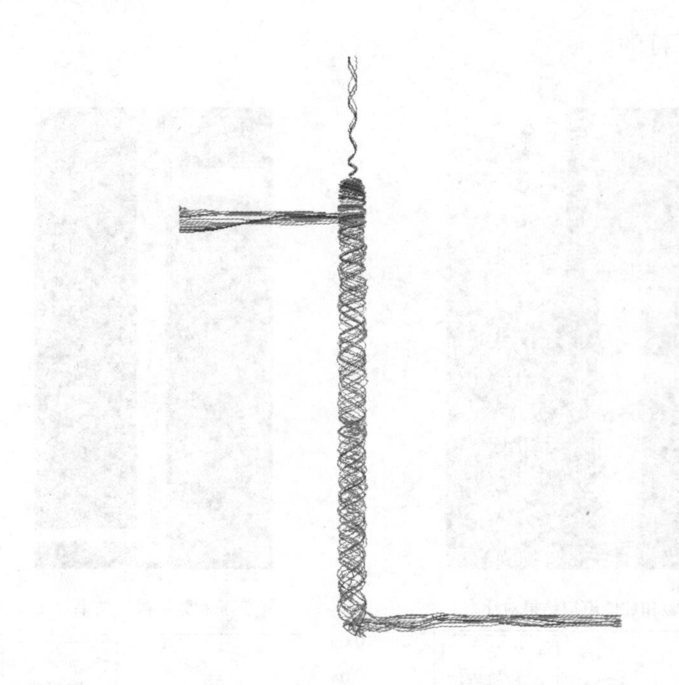

图 3-4　自入口到出口的迹线图

旋流管道内部的压力分布与能量转化和耗散问题密切相关。通过数值模拟，我们选取旋流管道的轴向切面得到轴向压力分布云图，如图 3-5(a)所示。从图中可以得出，旋流器柱体边壁处的压力值明显高于中心处，且在旋流器入口附近压力值也偏高，在远离进口到底流口附近，压力逐渐降低。旋流器的溢流口处压力值为负，即在旋流器内部形成了低压区，旋流器内部的内旋流也就是在此压差作用下，产生向上运动，从溢流口排出。图 3-5(b)是从旋流器溢流口顶部到旋流器底部，中心线上的压力分布曲线图。从曲线上也可以明显看出在溢流口处压力是负值，越靠近底流口压力值越大，且在进口与底流口附近，由于流场的紊乱，出现了压力值的波动。

旋流管道内部液体呈三维螺旋流动，可分解为切向速度、轴向速度、径向速度三部分。

(1) 切向速度分布

在旋流器分离过程中，切向速度被认为是三维速度中最重要的一项，因为切

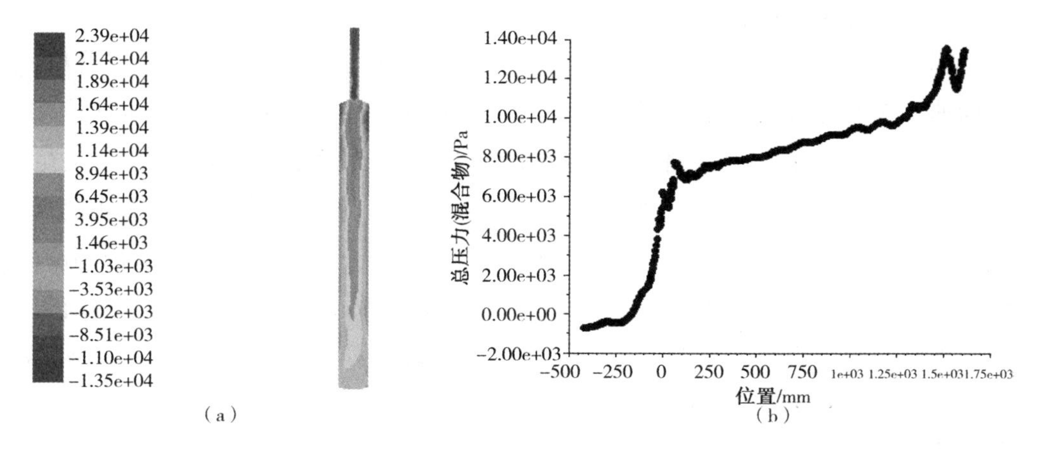

图 3-5 轴向压力分布图

向速度决定了旋流器内部流体的离心加速度和离心力的大小。图 3-6 所示为旋流器内液流切向速度 V_t 分布示意图，沿旋流器柱段方向上选择了不同的 4 个截面沿着半径方向进行分析。从图中可以看出，切向速度在不同轴向截面上的分布规律是一致，整体上呈内部似固核的强制涡和外部准自由涡。由于旋流器壁静止不动以及边界层的作用，器壁附近的切向速度为从零开始增大，沿着半径向中心，切向速度先增大后减小，中心处的速度最小，接近于零。随着轴向位置远离进口处，切向速度的幅值随之变小。

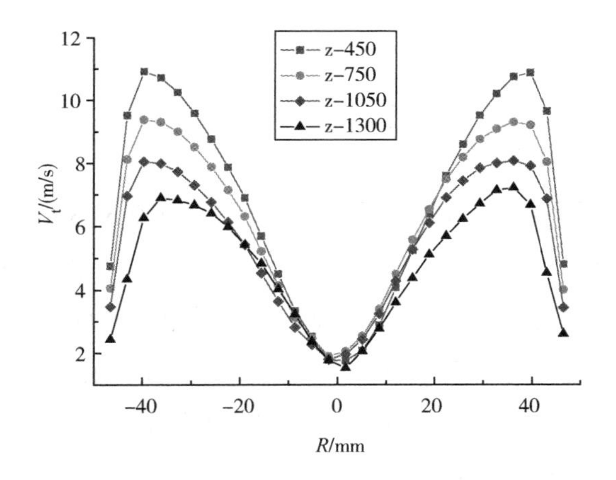

图 3-6 切向速度分布

（2）轴向速度分布

图 3-7(a)所示为旋流器内液流轴向速度 V_a 分布示意图。从图中可以看出，轴向速度在不同的轴向截面上的变化规律基本相同。从器壁到中心处，轴向速度先在壁面附近增大，然后随着半径的减小而减小，直到为零，再而速度方向发生变化，由正转负，在旋流器半径的中部附近通过零点，将所有轴向速度为零的点连线可组成零轴速包络面。该面外部的液体向下流动，形成外旋流，通过底流口排出；而其内部的液体则向溢流口方向流动，形成内旋流。图 3-7(b)为旋流管道柱体某一部分的速度矢量图，从图中可以很清晰地看到旋流器内部向下运动的外旋流和向上运动的内旋流。从图中还可以得知，内旋流的轴向速度绝对值大于外旋流。

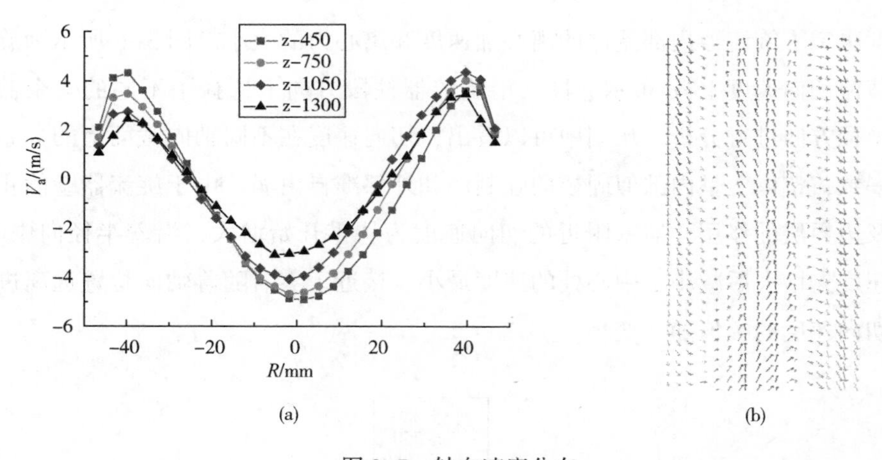

图 3-7　轴向速度分布

（3）径向速度分布

旋流器分离过程中，液流的径向速度 V_r 分布如图 3-8 所示。从图中可以看出，沿器壁到中心方向，径向速度随之增大，并且方向是由器壁指向轴心；当速度增大到一定程度以后，径向速度急剧减小，在中心处为零，这是由于外旋流中的油滴颗粒在径向速度的牵引下进入了内旋流，并在内旋流中积聚形成了油核。从图中还可以发现，径向速度幅值比切向速度和轴向速度少一个数量级。在不同的轴向位置上，径向速度的幅值变化有所不同，从进口到底流口方向，径向速度值随之减小，这说明在旋流器的进口附近，油水混合物进行了有效的分离，且分离比较迅速；但是在远离进口处，油滴颗粒进入内旋流比较缓慢，也就是分离进行得比较缓慢，这部分柱段对油水不能进行有效的分离。

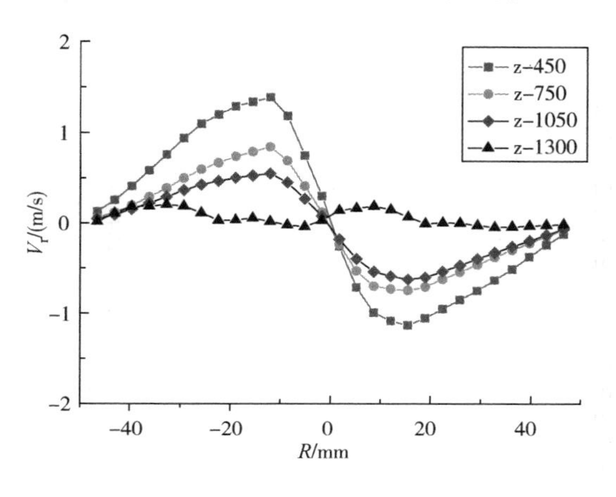

图 3-8 径向速度分布

油水混合物以切线方向进入旋流器后，产生高速旋转流动，由于油水密度差的存在，受到不同的离心力，从而产生分离。图 3-9 给出了旋流管道内部油核随时间变化的情况，当到达 26s 后，内部油核趋于稳定，不会再随着时间而发生较大的变化。

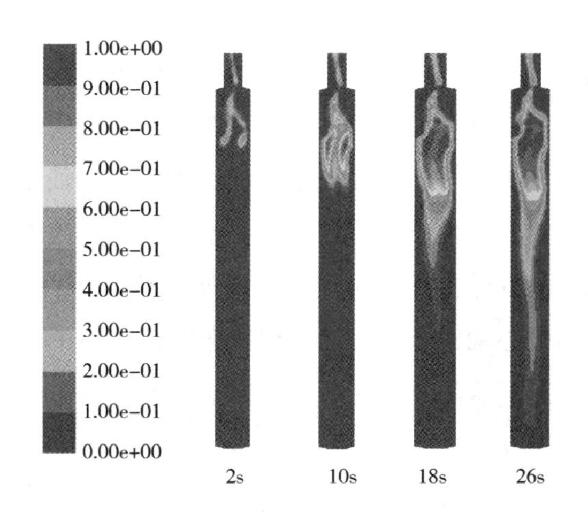

图 3-9 旋流管道内部油核随时间变化关系

图 3-10 所示为旋流器内部各截面上的油水分布云图。油水在离心力作用下产生了分离，分散相的油在旋流器中心处形成油核，从上部的溢流口排出，而水

随着外旋流流向底流口。油核形状呈螺旋线型，随着旋流器柱体向下，靠近底流口，油核尾部变得越来越细，并且收结于底流口出口上部，这与实验中观察到的现象相一致。

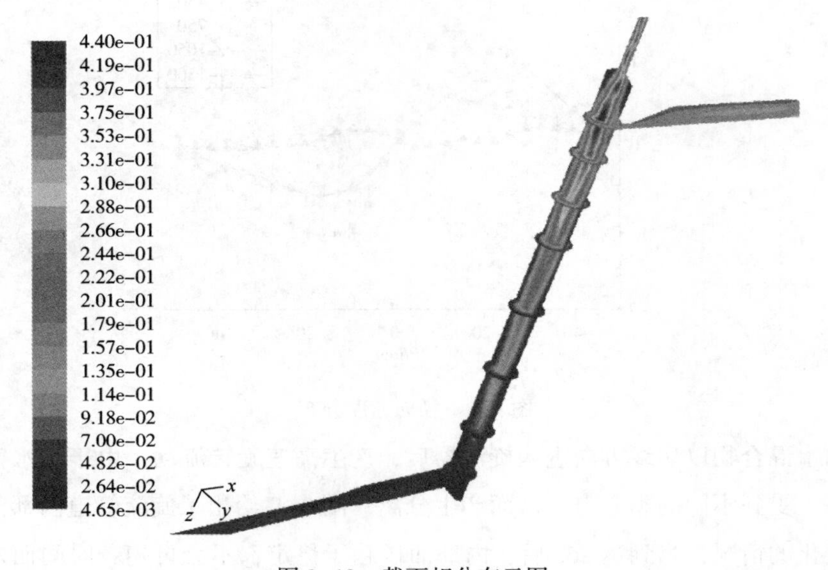

图 3-10　截面相分布云图

图 3-11(a)所示为旋流器柱体上不同轴向位置处截面相分布云图，从图中可以清晰看到在旋流器中心处形成了油核。在不同的柱体位置上，中心处油核的形状大小不同，随着柱体向下，油核大小逐渐变细，且变得模糊，最终收结。从右边的图 3-11(b)曲线图中可知，在径向上，截面中心处含油较多，而柱体两边壁上含油较少，即油在中心处形成了油核，而边壁上大部分为水。

图 3-12(a)为旋流管道柱体轴向切面相分布云图，图 3-12(b)为从溢流口顶端到柱体底流口下端中心轴线上的含油曲线分布图，从图中可以很明显看出旋流器内部的油水分布情况。从图 3-12(b)上可知，水平来液管道经过缩颈后切向进入柱体，由于液体受到突然扩张作用，产生激烈的紊流，所以在旋流器入口附近，柱体内部的含油体积分数出现了剧烈的波动。液体切向进入后，在强旋转的作用下使油水达到了分离，故入口附近中心处的含油率比较大，而随着柱体向底流口方向，中心处含油率迅速下降，在底流口附件降为最低值。

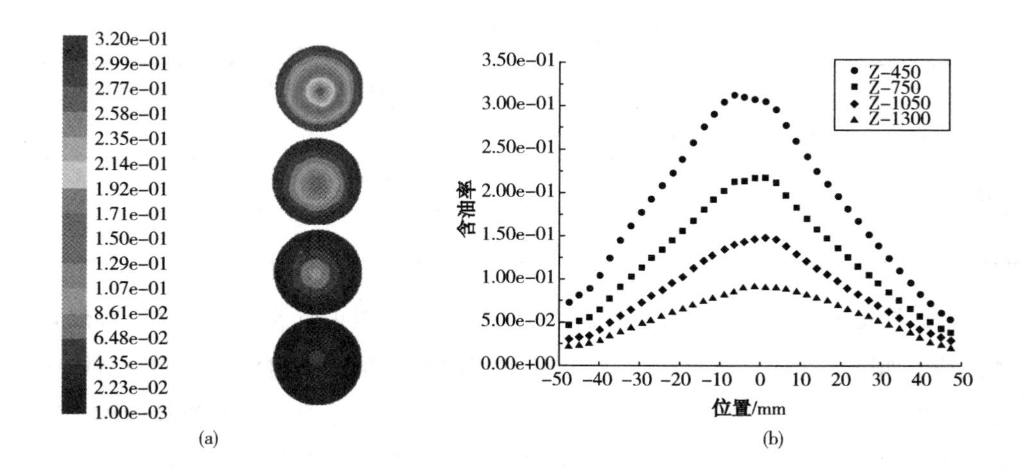

图 3-11 不同轴向上相分布图

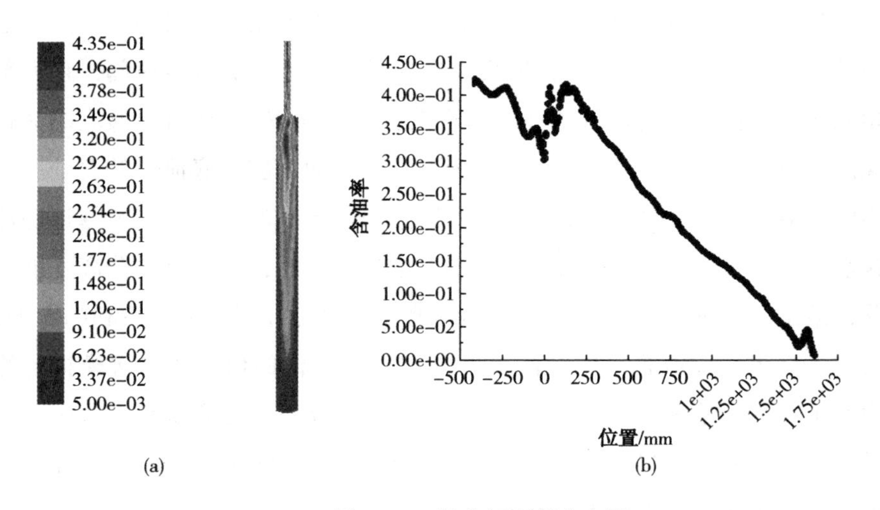

图 3-12 轴向切面相分布图

3.2.2 长细比对旋流器油水分离的影响

旋流管道的柱段长度 L 分别取为 $10D$、$15D$ 和 $20D$，对应的 $H_1=2D$ 和 $5D$ 两种情况。针对每种结构分别进行编号，为 NO1a～NO3b 六种不同的结构，以研究入口管路位置和柱段长度对油水分离性能的影响，如表 3-1 所示。

表 3-1　LLCC 的结构尺寸

	NO1a	NO1b	NO2a	NO2b	NO3a	NO3b
$\tilde{L}=L/D$	10	10	15	15	20	20
$\tilde{H}_1=H_1/D$	5	2	5	2	5	2
$\tilde{H}_2=H_2/D$	5	8	10	13	15	18

根据给定的初始条件，设定旋流管道上部溢流口处的分流比为35%，经过计算得到了如图 3-13(a)所示的六种不同结构 LLCC 内的截面含油率云图。从图中可以看出，油水混合物以切线方式进入旋流器后，形成了高速旋转流场。由于密度差的不同，在离心力作用下重质相水流向旋流器边壁，并从底流口排出，而轻质相油迅速聚集在旋流器中心部位，形成了油核，从上部的溢流口流出。当旋流器的柱体部分长度一定时，通过改变进口段与溢流口处的距离，对油水分离能起到明显的效果。在 $H_1=5D$ 时，油相聚集成油核后，停留在旋流器内部，且大部分的油相从底流口排出，这阻碍了油水的有效分离；在 $H_1=2D$ 时，形成的油核上旋至溢流口附近，更多的油相能够从溢流口排出，而相应的底流口的含油率比较低。当固定 H_1，改变 H_2时，可以从图中得知，随着 H_2的增加，旋流管道底流口处的含水率随之增加，也就是底流口中的含油逐渐减小，旋流器的分离性能得到了改善；但是当 H_2增大到一定值后，继续增大反而对分离产生了不利的影响，即在一定的条件下，旋流管道的柱段长度存在一个较优的值。在本次模拟计算中，H_2值在 13D 时最有利于油水分离。图 3-13(b)给出了旋流器底流口中含水率的关系，从中也能很明显地看出，当适当减小 H_1时，旋流管道的分离性能得到了改善，且 H_2存在一个较优的值。

3.2.3　入口结构对旋流器油水分离的影响

为了研究不同入口结构对油水在柱形旋流中分离的影响，分别改变入口形状、入口形式及入口位置，进行了不同的数值模拟实验。入口结构简图、名称及代号如图 3-14 和表 3-2 所示。按入口形状来分，A 和 D 均为圆形通道，B、C、E 和 F 均为矩形通道，数值模拟时，保证这些通道的当量面积相等，圆形通道直

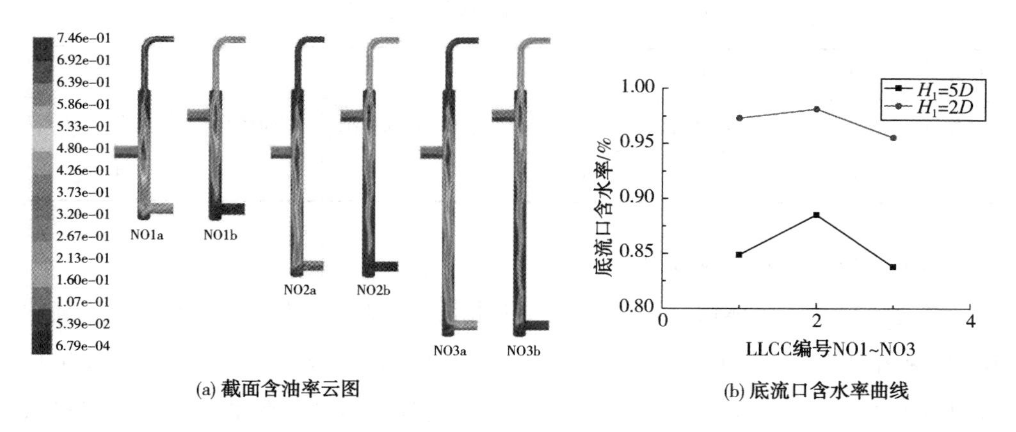

图 3-13　不同结构 LLCC 的截面含油率云图和底流口含水率曲线

径为 15mm，矩形通道的长为 42.1mm，宽为 16.8mm，且长边与柱体的轴线平行。从入口管与柱体相贯形式来分，A 和 F 为切线型；B 为螺旋线型；C 为渐开线型；D 为切线型+入口管轴心线与水平面成 20°夹角；E 为切线型+入口管外带螺旋板绕柱一周与柱体相贯。入口位置的高度取 4 组：z = 500mm、650mm、800mm、950mm。

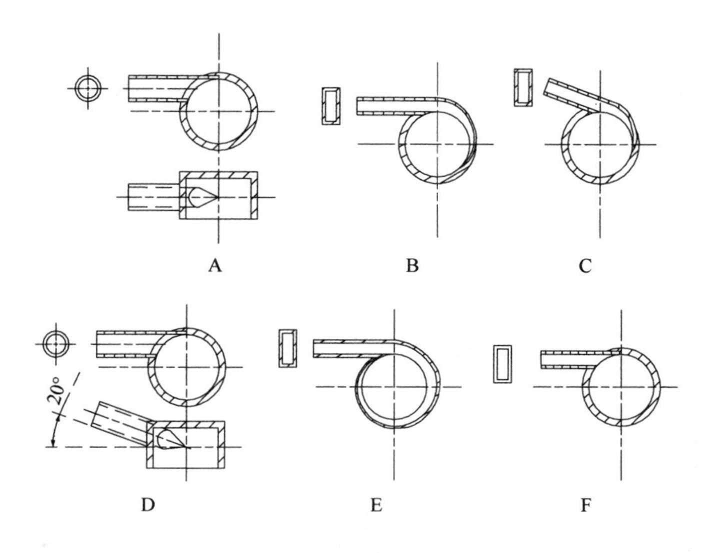

图 3-14　入口结构设计图

表 3-2　不同入口结构设计代号及名称

代号	A	B	C	D	E	F
名称	切线型	螺旋线型	渐开线型	斜 70°切线型	空间螺旋形	切线型
形状	圆管	矩形管	矩形管	圆管	矩形管	矩形管

(1) 入口形状对导流效果的影响

通过入口与圆柱体切点水平截面上的速度分布矢量图如图 3-15 所示，其中 D、E 两图中部分缺失的矢量图是由入口是空间结构造成的(入口含油率为 0.1，入口流速 10m/s，分流比 30%)。可以看出，在其余条件一致的前提下，经过入口的导向作用，B、E 型结构的最小速度分布位于圆心附近且速度方向的变化较平滑，但是在相同位置处的速度，B 型结构的比 E 型结构的大；C 型结构的速度方向变化较不平滑且最小速度偏离中心，效果最差；A、D 和 F 效果接近，最小速度均偏离中心，A 和 D 靠近入口的圆内速度分布要远大于其他区域的速度，这种分布容易使油核在圆柱中发生摇摆，是不利的。从图中还可以看出，B 型导流后的流场均匀，平均速度大，能量损失小。综上可看出不同入口结构的导流效果是不一样的。

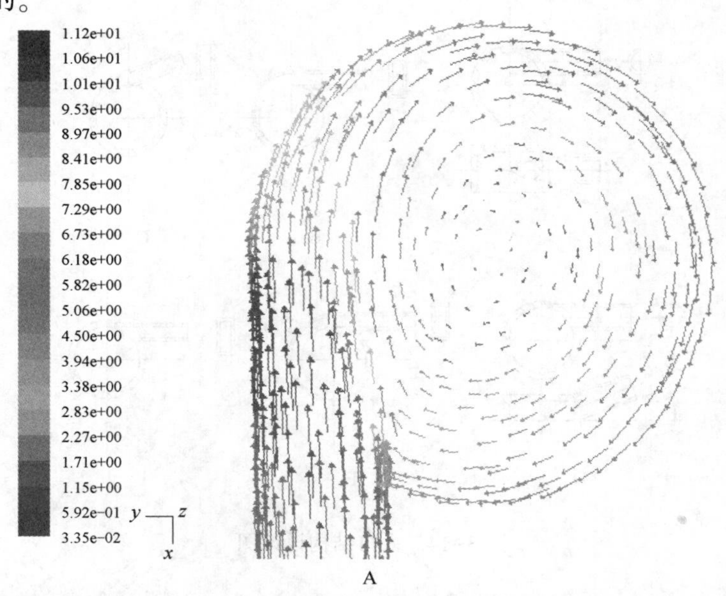

图 3-15　通过入口与柱体切点的水平截面速度矢量图

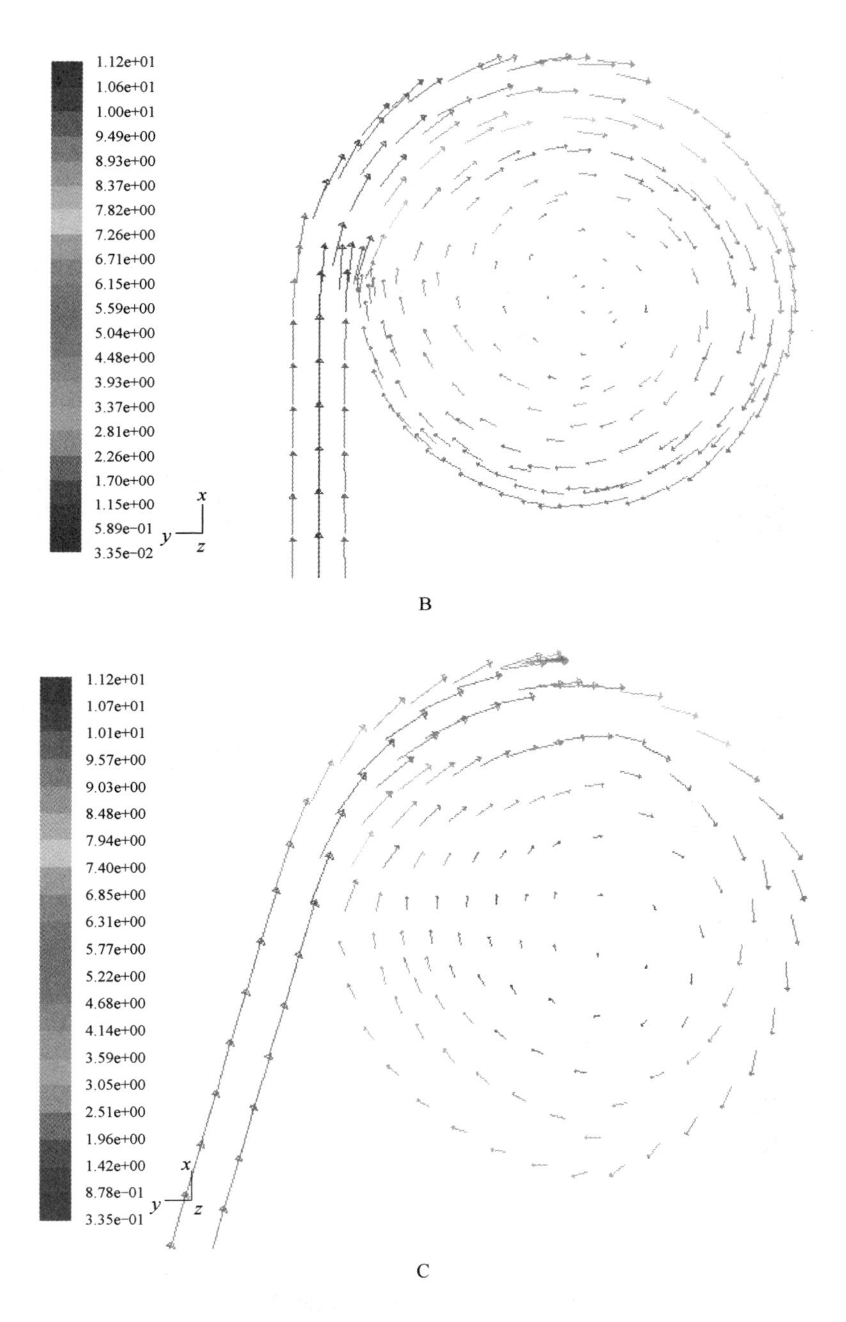

图 3-15 通过入口与柱体切点的水平截面速度矢量图(续)

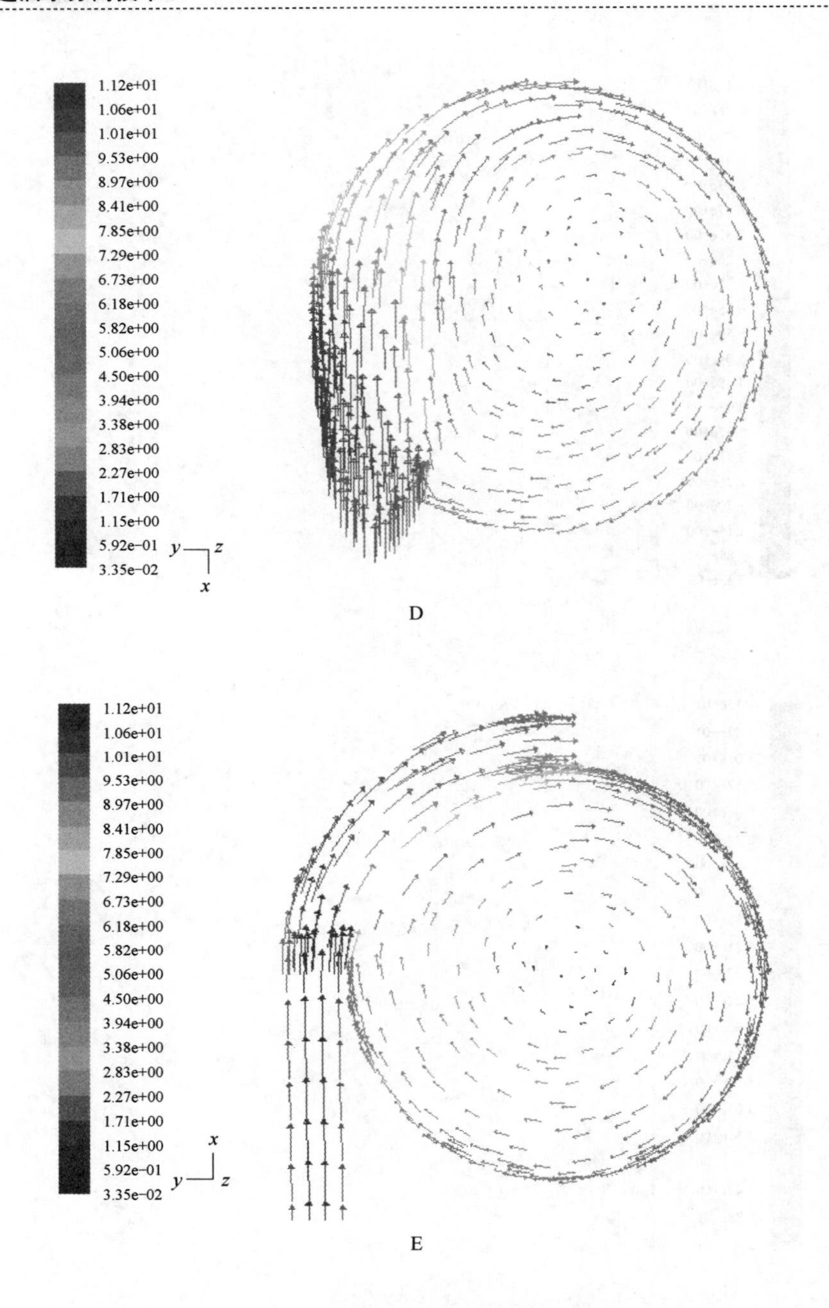

图 3-15　通过入口与柱体切点的水平截面速度矢量图(续)

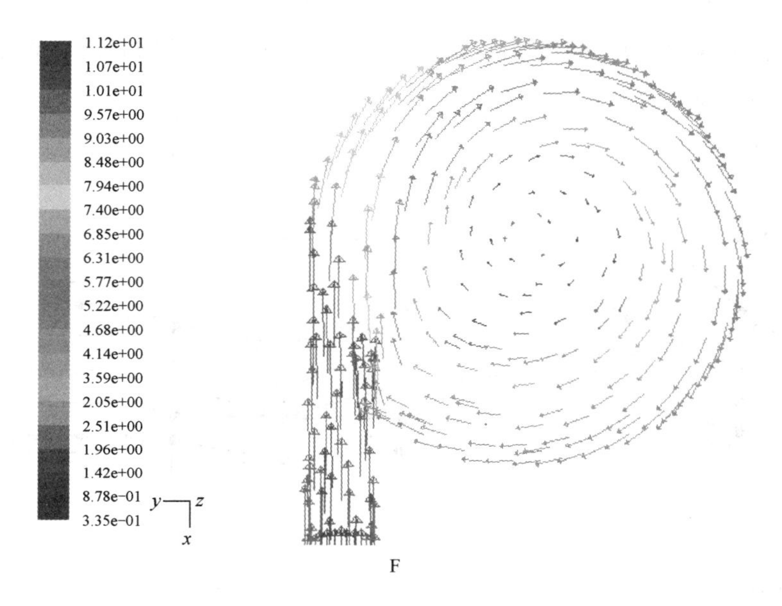

图 3-15　通过入口与柱体切点的水平截面速度矢量图(续)

(2) 入口形状对油水在旋流管中分离效率的影响

图 3-16 为在入口含油率为 0.1，入口流速为 10m/s，在不同分流比下，不同入口结构分离效率对比图。从图中可以看出，在保证入口具有相同的流通面积、相同的入口形式、相同的入口流速等工况时，圆形入口比矩形入口的分离效率稍高；在保证入口形状相同和其他工况一致的条件下，分离效率：螺旋线型>切线型>渐开线型>三维螺旋型(均为矩形截面)；与柱体水平相切比向下倾斜 20°比柱体相切的入口结构(均为圆形截面)分离效率高。螺旋线型入口结构将来液的直线运动过渡转换成周向运动，使来液更顺畅地进入旋转运动状态；而切向型入口使来液直接进入柱体，会造成柱体内部流体流动结构的扰动，妨碍了油滴在入口位置迅速运动到轴心，故其效率稍低；三维螺旋线型入口结构之所以分离效率最低，是由于其沿轴向导向一周，使入口的切向速度转变为向下与柱体相切的速度，向下与柱体相切的速度经分解所得的切向速度必然减小，从而使油滴受到的离心力减小，从而使油滴向中心运动的动力变小，故这种结构分离效率要低。在流通面积相同和其他条件相同的条件下，螺旋线型入口结构的分离效率最高，这

点与袁运洪等人的结论是一致的，但是螺旋线型入口架构难加工，一旦加工出现误差，不会出现预期的效果，可以看出，圆管切向式入口结构导流后的分离效率也较高，为了加工简便，一般采用圆管切向式入口。

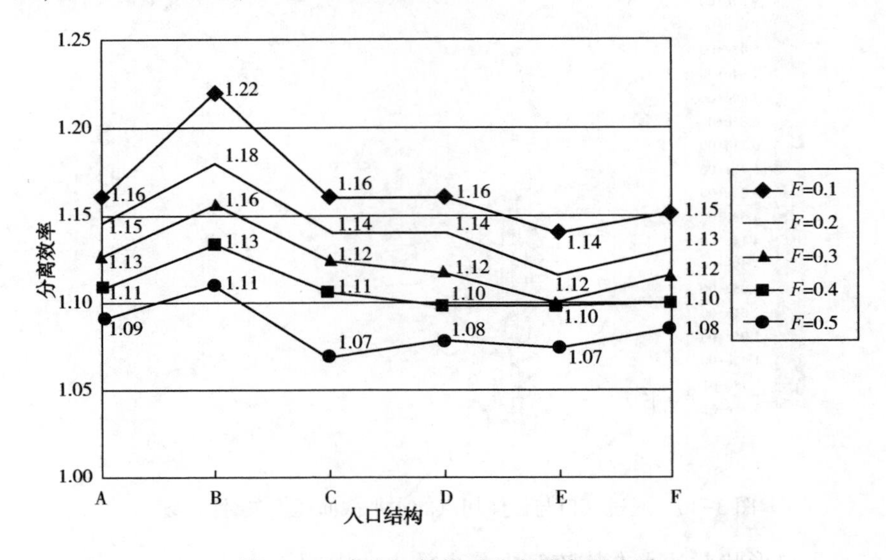

图 3-16　各入口结构对分离效率影响图

（3）入口位置高度对油水在旋流管中分离的影响

入口含油率为 0.1，入口流速为 10m/s，分流比为 0.2，当入口位置高度 z 分别为 50cm、65cm、80cm、95cm 时，A 型各旋流器对应的轴截面含油率分布图如图 3-17 所示。从图中可以看出，随着入口位置的提高，从溢流口排出的油增加，即入口位置靠近溢流口有利于提高分离效率。当入口位置靠上时，能够使处于内旋流中的油及时从溢流口排出，而当入口位置靠下时，由于旋流器中的流场是不对称的，油核是呈螺旋线式向上运动。当入口位置越靠下，这段螺旋运动的路程越长，能量损失越多，一部分油滴从油核中游离出来，最终使向上运动的油核消失，这在图 3-17 中第三个旋流器中表现得尤为明显，故入口位置靠上有利于油水分离。

从以上分析可知：入口结构的导流效果是不一样的，由此影响旋流器内流场分布。其中矩形螺旋线型入口导流后平均速度大，即能量损失最小；在入口含油率为 0.1，入口流速为 10m/s，相同的流通面积时，螺旋线型旋流器分离效率最

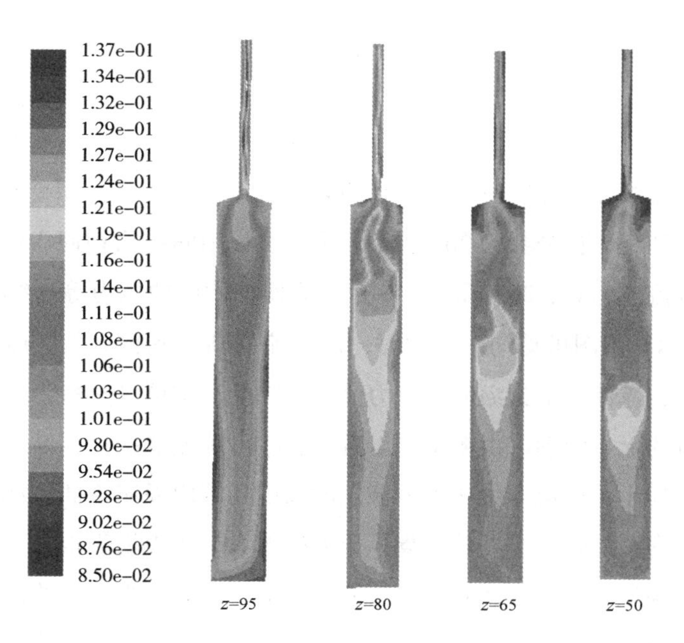

图 3-17 不同入口位置的旋流管轴截面含油率分布图

高，圆形比矩形的分离效率稍高；在入口含油率为 0.1，入口流速为 10m/s，分流比为 0.2 时，数值模拟发现入口位置靠上有利于油水分离。

3.2.4 溢流管结构对旋流器油水分离的影响

（1）溢流管插入深度对油水分离的影响

取内溢流管壁厚 1mm，内溢流管的插入深度及编号如表 3-3 所示。

表 3-3 内溢流管的插入深度及编号

溢流管插入深度 x/mm	0	50	90	120	170
编号	①	②	③	④	⑤

分离效率采用简化效率，简化效率是一个从净化效果角度出发的效率概念，用于油水分离其代表油相介质经柱形油水旋流分离器分离后，有多少油相介质被排除，净化效果如何。设入口含油浓度为 C_I，净化后底流含油浓度降至 C_U，从旋流器最终脱油效果看，其效率为：

$$E_j = \frac{Q_I C_I - Q_U C_U}{Q_I C_I} \times 100\% \tag{3-14}$$

$$Q_U = (1-F) Q_I \tag{3-15}$$

（2）内溢流管插入深度对压力分布的影响

在分散相油相体积分数为20%，油水混合物以10m/s沿切向入口进入旋流器后，溢流口分流比为0.3时，得①~⑤号旋流器轴截面的压力等高线分布对比图如图3-18所示。由图可见同一高度时，从旋流器器壁到轴心处，压力值逐渐降低，沿轴心从旋流器底部到溢流管压力值依次降低。这可以解释为什么在旋流器中存在内旋流的上行流动。由图也可以看出，④号旋流器的负压区最大，⑤号旋流器的负压区最小；旋流器中压力最低点的高度随着内溢流管插入深度增加而降低，等压线在内溢流管入口处较密集，压力梯度大，压力损失也大，故旋流器中压力总是在内溢流管入口处达到最低，使内溢流管具有抽吸流体的作用。

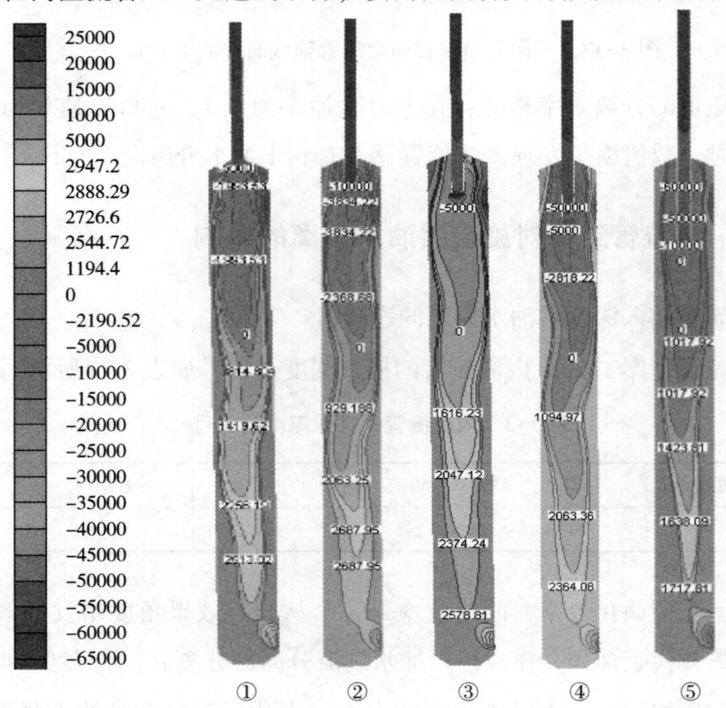

图3-18　轴截面的压力等高线分布对比图(单位为Pa)

（3）内溢流管插入深度与油相体积分数分布的关系

在同上述压力分布相同的工况下，得到内溢流管插入深度不同时旋流器轴截面的油相体积分数分布图(图3-19)，从左到右依次排列着①~⑤号旋流器。由图可以看出溢流管中含油体积分数较高的是②③④号旋流器；⑤号旋流器中无明显油核形成，油相对较分散；①号旋流器中油核凝聚得最明显；④号旋流器中油核最小，油核尾部含油也最少。以上结果说明内溢流管的插入深度对旋流器中油核的形成及油核从溢流管排出有影响。从①号旋流器中油核的形状可以看出，可以将油核分为3个部分，尾部油核发展区，中心高度凝聚区，上面头部成熟区。内溢流管插入过深，影响了尾部油核初始凝聚，甚至会使部分已凝聚的油相被带入外旋流；内溢流管插入深度在中心高度凝聚区或上面头部成熟区均可起到抽吸油核作用，从而有效地分离油水；内溢流管不插入时，由于旋流器一部分流体沿壁面流入溢流管，阻碍了油核从溢流管流出，从而影响了分离油水的效率。

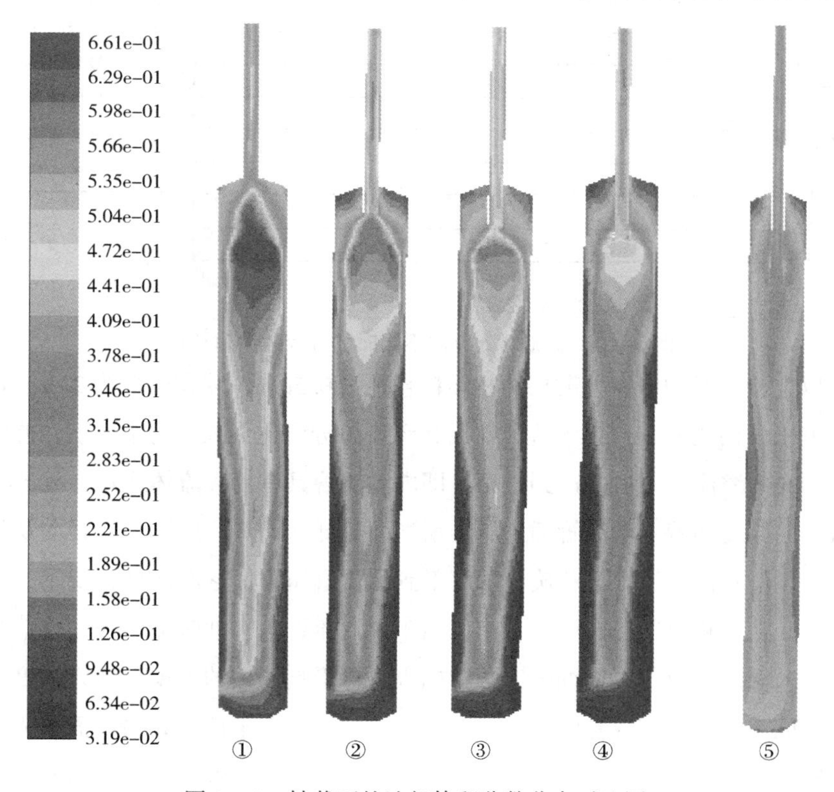

图3-19 轴截面的油相体积分数分布对比图

（4）不同分流比下内溢流管插入深度与分离效率关系

将溢流口分流比从0.3增加至0.5、0.7时的分离效率对比如图3-20所示。由图可看出，相同的分流比下，②③④号旋流器的效率比①号高，①号旋流器的分离效率比⑤号高，由于⑤号旋流器内溢流管插入深度在入口下方5cm处，插入过深使效率下降。在溢流口分流比为0.3时，④号旋流器的分离效率最高，④号旋流器溢流管内沿深度在入口下方1cm处，故能有效地抽吸油核，分离效率也高。随着溢流口分流比增加，②号旋流器的分离效率与④号旋流器的差距减小，由于②号旋流器的溢流管在入口上方2cm处，当溢流管分流比增加时，油核重心上移，故②号旋流器的分离效率增大。③号旋流器内的溢流管内沿深度在入口处，使从入口直接进入溢流管的短路流增加，故分离效率低于②和④号旋流器。

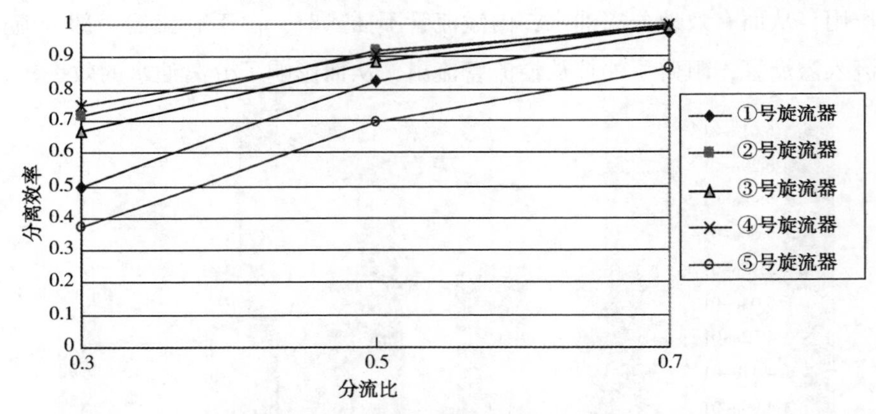

图3-20　溢流口分流比不同时的分离效率对比图

从以上分析可知：在分散相油相颗粒直径为0.5mm，体积分数为20%，油水混合物以10m/s沿切向入口进入旋流器后，溢流口分流比为0.3的条件下，旋流器中压力值均在内溢流管下口处达到最小，即内溢流管具有抽吸流体作用，旋流器中压力最低点的高度随着内溢流管插入深度增加而降低；同一高度压力沿径向从器壁到轴心压力逐渐减低，沿轴心从旋流器底部到溢流管压力值逐渐降低，揭示了内旋流产生机理。从体积分数分布图可看出，由于内溢流管具有抽吸流体作用，恰当的内溢流管插入深度可以有效地抽吸油核，插入过深影响油核的凝聚，插入深度在油核中心凝聚区或上面头部成熟区均可起到抽吸油核作用，不插入时沿壁面进入溢流管的流体影响油核进入溢流管，使分离油水的作用差。分离效率对比图可看出，溢流管内沿在入口稍上处和稍下处的分离效率均较高，且溢流管内沿在入口稍下处比稍上处的分离效率高；随着溢流口分离比的增加，五种旋流器分离效率均提高，由于油核重心的上升，使溢流管内沿在入口稍上处比稍下处的分离效率高。即在溢流管分流比较小时，溢流管插入深度在入口下 1cm 时分离效果较好；溢流管分流比较大时，溢流管插入深度在入口上 2cm 时分离效果较好。

（5）溢流管结构形式对油水分离的影响

图 3-22 显示了图 3-21 中不同溢流管结构设计对于分离效率的影响，由图可以看出，在相同的入口流速下 A 型溢流管结构的旋流管分离效率最高，D 型最差，即 A 型的导流效果最好，能够有效地阻挡短路流。从图中还可以看出，随着入口混合流速的增大，分离效率逐渐增大，但是分离效率增加的梯度减少，即速度增大的梯度与分离效率增大的梯度不是线性关系。

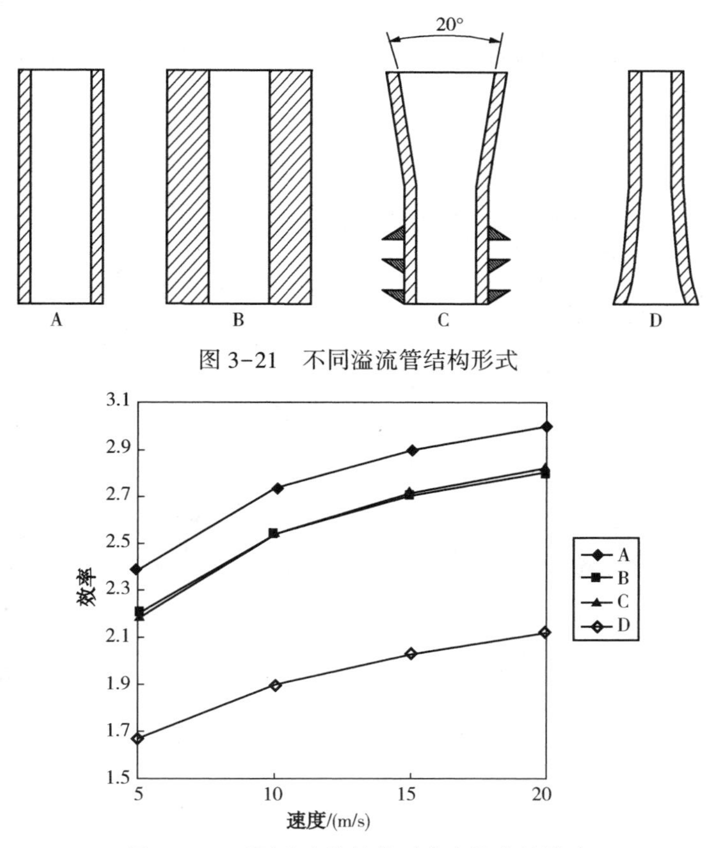

图 3-21 不同溢流管结构形式

图 3-22 不同溢流管结构对分离效率的影响

3.3 旋流管内油水两相流动规律实验研究

3.3.1 实验系统

实验流程如图 3-23 所示。实验装置主要由油水供应系统、旋流管道和数据采集系统等组成。实验介质采用白油和自来水，物性参数如表 3-4 所示。实验中水相流量计采用电磁流量计，油相流量计为涡轮流量计，压力信号采用 CYB23 压差传感器测量后，应用 DAOP-12H 数据采集系统进行数据采集，采样频率为 500Hz。油水两相经过液相泵分别从油箱和水箱流出，在 T 形三通处混合，以切线方式进入旋流器。在旋流器的入口和两个出口处，都安置了压力传感器和取样装置，且在溢流口和底流口附近安装了球阀，用来调节旋流器的分流比。

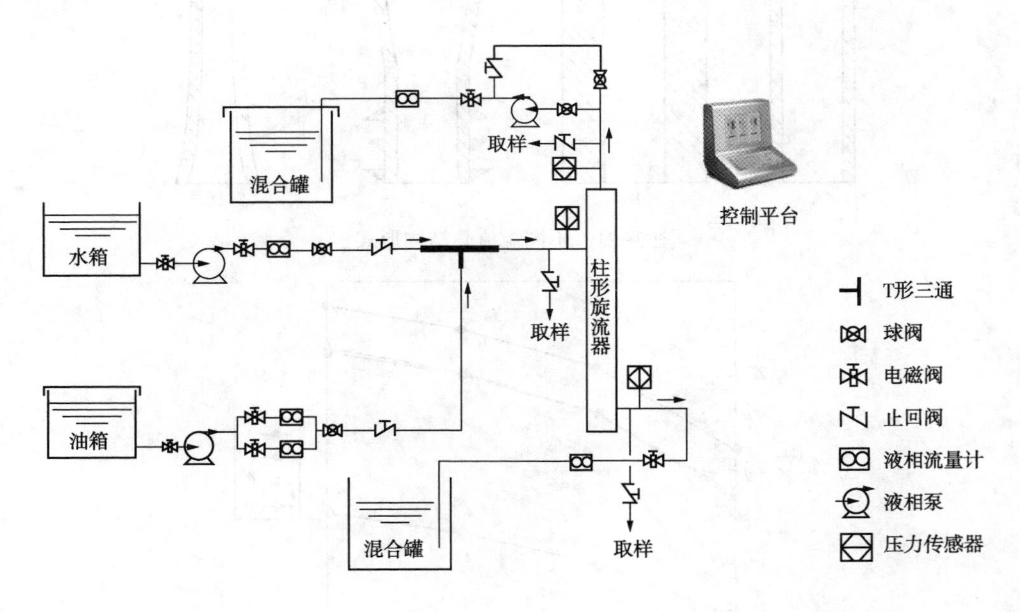

图 3-23 实验流程示意图

表 3-4 液相物质参数表

物质	密度/(kg/m^3)	黏度/[kg/(m·s)]
水	998	0. 001
油	860	0. 138

实验之前，对所使用的压力传感器进行了标定。压力分别从最低点上升到最高点，然后依次下降，记录这两个过程当中的压力值和输出电压，进行回归，如图 3-24 所示。从回归曲线可以看出，测试压力与输出电压呈良好的线性关系，拟合曲线为：

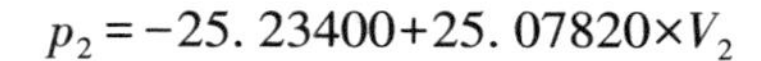

$$p_2=-25.23400+25.07820\times V_2$$

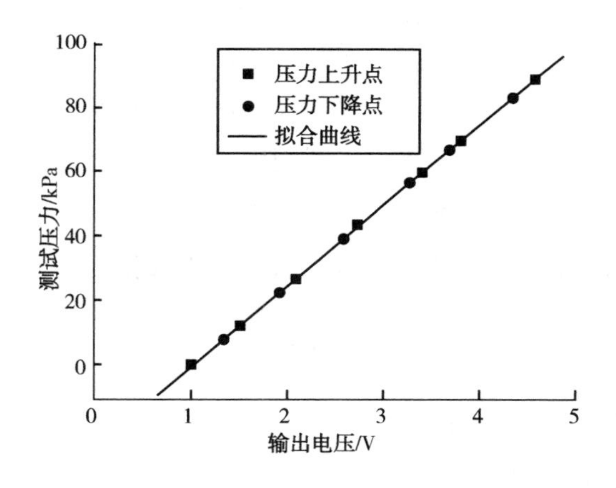

图 3-24 压力传感器标定曲线图

实验时油水分别在油泵和水泵的增压作用下，流经流量计量装置，通过 Y 形管混合后进入旋流管入口，在旋流管中进行分离，之后对流经上部溢流口的流体进行取样并测定含油率，流经底流口的流体则流回油水混合罐进行重力沉降分离，分离后的油水各自流回油水箱，进行循环试验。实验过程中记录在不同工况下各个口的压力。

3.3.2 实验结果与分析

(1) 旋流器的压降特性

在旋流器的研究与应用中，分流比 f_s 是指旋流器溢流口流量 Q_o 与进口流量 Q_i 之间的比值，其表达式为：

$$f_s = \frac{Q_o}{Q_i} \tag{3-16}$$

压降与压降比 *PDR*(Pressure Drop Ratio)分别是指：

$$\Delta p_{i-o} = p_i - p_o \tag{3-17}$$

$$\Delta p_{i-u} = p_i - p_u \tag{3-18}$$

$$PDR = \frac{\Delta p_{i-o}}{\Delta p_{i-u}} = \frac{p_i - p_o}{p_i - p_u} \tag{3-19}$$

式中 p_i、p_o 和 p_u——分别是旋流器进口、溢流口和底流口的压力；

Δp_{i-o}——进口与溢流口之间的压差；

Δp_{i-u}——进口与底流口之间的压差。

旋流器的雷诺数表征旋流器内流体惯性与黏性摩擦力之比，其定义式为：

$$Re = \frac{\rho D v}{\mu} = \frac{4\rho Q_i}{\mu \pi D} \tag{3-20}$$

式中 D——旋流管道的直径；

ρ——旋流器内液体的密度；

μ——旋流器内液体的动力黏度；

v——旋流器的特征速度，$v = 4Q_i/\pi D^2$。

欧拉数(Eu)表征旋流器内流体压力与惯性力的比值，其计算式为：

$$Eu = \frac{\Delta p}{\rho v^2/2} = \frac{\Delta p}{\dfrac{\rho}{2}\left(\dfrac{4Q_i}{\pi D^2}\right)^2} = \frac{\pi^2 D^4 \Delta p}{8\rho Q_i^2} \tag{3-21}$$

由于 Δp 为压降，故在旋流器内，有两个特征 Eu 准数，分别是底流 Eu_u 准数和溢流 Eu_o 准数。

用水作为单相介质，分别在 2.5m³/h、3.75m³/h、5m³/h、6.25m³/h 流量下，通过改变分流比进行实验。在其他条件不变的情况下，改变溢流口出口处的球阀，调节旋流器的分流比 f_s，测定压降、压降比与分流比的关系，图 3-25 (a)、(b)分别给出了实验结果。结果表明，随着分流比的增大 Δp_{i-o} 逐渐上升，而 Δp_{i-u} 呈略微下降的趋势，PDR 随着分流比的增大显示出直线上升趋势。压力降是近似反映旋流器内部能量消耗大小最直接的参数，旋流分离时的能量损失往往需要通过适当提高入口压力来实现。

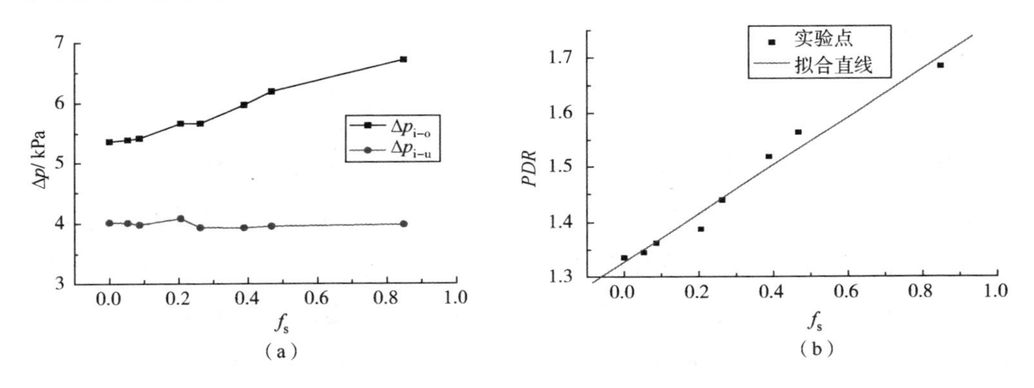

图 3-25　分流比与压降、压降比之间的关系

图 3-26 所示为在不同流量下，压降、压降比的变化关系。由图可知，随着流量的增加，Δp_{i-o}、Δp_{i-u} 均逐渐增大，而 PDR 则降低，这说明溢流压力损失增加的幅度小于底流压力损失增加的幅度；这也说明如果要提高旋流器的处理液量，则需要增大入口压力，否则很难达到预定的处理量。

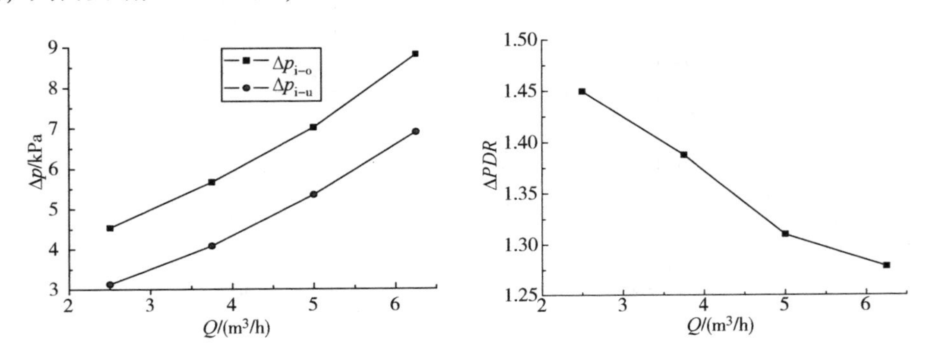

图 3-26　处理量与压降、压降比之间的关系

旋流器内的 Eu 与 Re 之间有如下的关系式,

$$Eu=k_p\ (Re)^{n_p} \tag{3-22}$$

式中，k_p、n_p 为旋流器的经验常数，与旋流器的结构特征有关，可由实验确定。

根据式(3-68)、式(3-69)，可得：

$$\Delta P=Eu\ \frac{8\rho Q_i^2}{\pi^2 D^4}=Eu\cdot Re^2\cdot\frac{\mu^2}{2\rho D^2} \tag{3-23}$$

则有：

$$\Delta P=\frac{k_p\mu^2}{2\rho D^2}\cdot Re^{2+n_p} \tag{3-24}$$

图 3-27 所示为旋流管道单相流场中 Eu 与 Re 之间的关系图。实验中，固定旋流器的分流比，在四种不同的 Re 下，分别得到了溢流 Eu_o 准数和底流 Eu_u 准数。从曲线图中可知，随着 Re 的增大，Eu 均逐渐减小。且当 Re 一定时，Eu_o 值大于 Eu_u，这也说明了当 Re 不变时，旋流器的溢流压降值大于底流压降值。按照式(3-70)给出的 Eu 与 Re 之间的关系，由实验数据可以回归得到方程：

$$Eu_o=2.3625\times10^8\ (Re)^{-1.3467} \tag{3-25}$$

$$Eu_u=4.5047\times10^7\ (Re)^{-1.2054} \tag{3-26}$$

由上面两式可以分别得到旋流器的溢流与底流的 k_p 和 n_p 值。

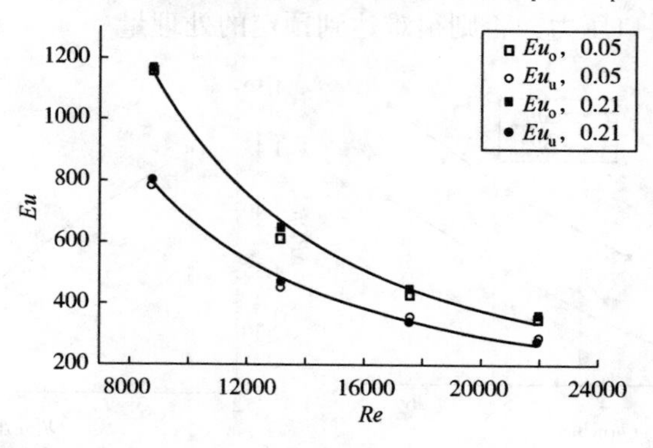

图 3-27　Eu 与 Re 之间的关系

从图3-27中还可得出，当旋流器结构一定时，分流比对 Eu 的影响很小，即对于一定结构的旋流器，在分流比对压降的变化影响可忽略的情况下，可以根据式(3-24)来计算旋流器的压降值。

(2) 分流比对旋流器分离的影响

在实验过程中，通过调节水相泵给定水的流量，然后调整入口油相流量，以达到一定的入口含油率。旋流管道来液的进口管道直径为50mm，将水相表观流速固定在0.991m/s，油相表观流速为0.057m/s、0.121m/s、0.191m/s和0.340m/s，此时对应的入口含油率分别为5.44%、10.88%、16.16%以及25.54%。实验时在一定的油相和水相表观流速下，通过控制旋流管道溢流口的调节阀，改变旋流器的分流比，以此来研究分流比对分离性能的影响。图3-28给出了实验中，随着分流比的变化，旋流管内部油核的形状结构图。

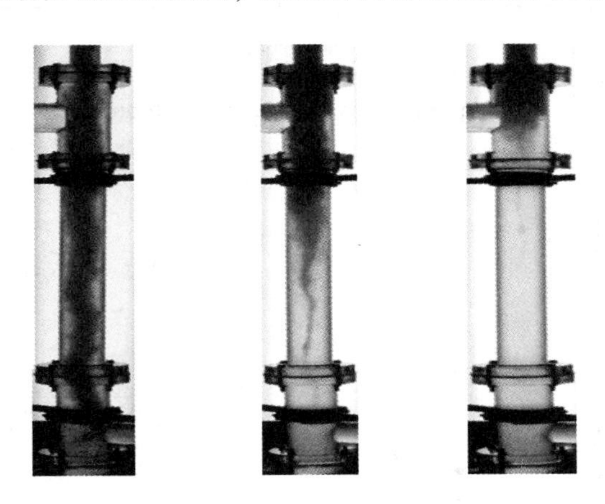

图3-28 油核形状与分流比关系图

在每组油相和水相表观流速下，选取5~6种分流比，并在每种分流比时，通过对旋流器的底流口和溢流口接样，分析底流口液样含水率和溢流口液样的含油率，如图3-29和图3-30所示。

图3-29给出了不同情况下旋流管道底流口含水率随着分流比的变化关系。可以看出，当入口含油率一定时，增大旋流器溢流口的分流比，能够有效地改善旋流器的分离性能。从曲线变化中可以得到，旋流管道存在着一个较优的分流比值，超过这个值以后，底流口中含水率基本趋于稳定值。随着入口含油率的增

加，底流口含水率与分流比之间曲线关系基本保持不变，但是较优的分流比值随着入口含油率的不同而不同。在实验的 4 种含油率下，这个较优的分流比值分别为 15%、24%、33%和 34%。

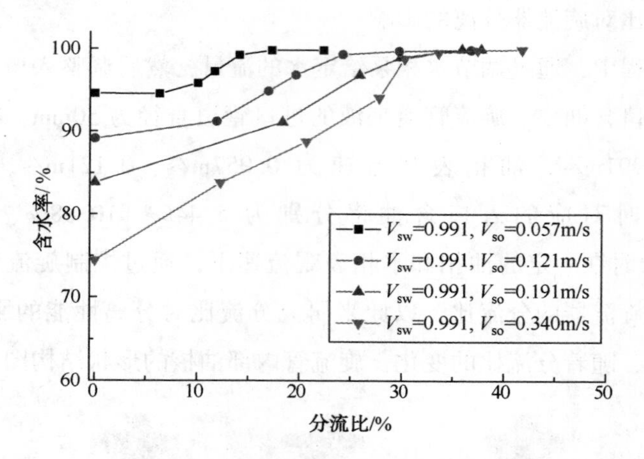

图 3-29　旋流管道底流口含水率

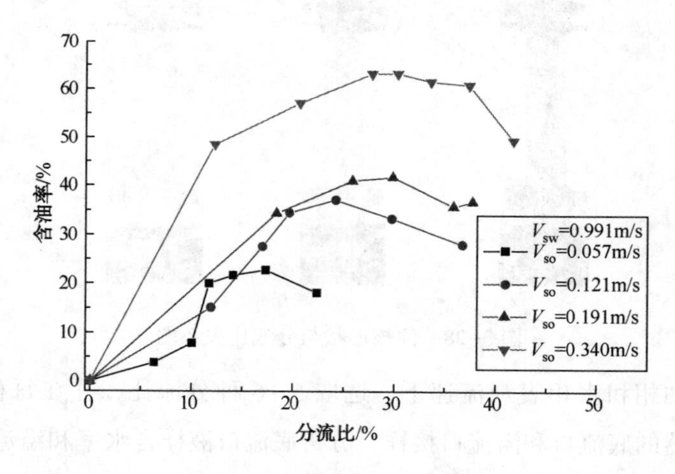

图 3-30　旋流管道溢流口含油率

图 3-30 所示的是旋流管道溢流口含油率与分流比的变化关系。当旋流管道入口含水油率一定时，随着分流比的增加，溢流口处的含油率先逐渐增大而后又呈现减小的趋势。这是由于当溢流口处的分流比较小时，旋流器内部的油核不能较好地从上面排出；当分流比增加后，更多的液体从溢流口流出，于是带动了旋

流器内部的油核一起从上面的溢流口流出，从而使溢流口排出的液样含油率增加。而当到达一定值后，继续增大分流比值，并不能很明显地将内部油核全部排出溢流口，反而将旋流器内部的水相掺混到油核中，一起从溢流口排出，从而降低了溢流口液样中的含油率。并且从曲线图中也能够看出，对于溢流口液样中的含油率，存在着较优的分流比值。

（3）入口流速对溢流口含油率的影响

在入口含油率为3%，分流比为24%时，溢流口含油率随入口混合流速变化的趋势如图3-31所示，可看出，随着入口流速的增加，溢流口含油率先增大后减小，当混合流速在0.55m/s时，溢流口含油率达到最大为14%，当流速较小时或较大时，溢流口含油率均低于此值。说明对于旋流管道，存在最佳入口混合流速。

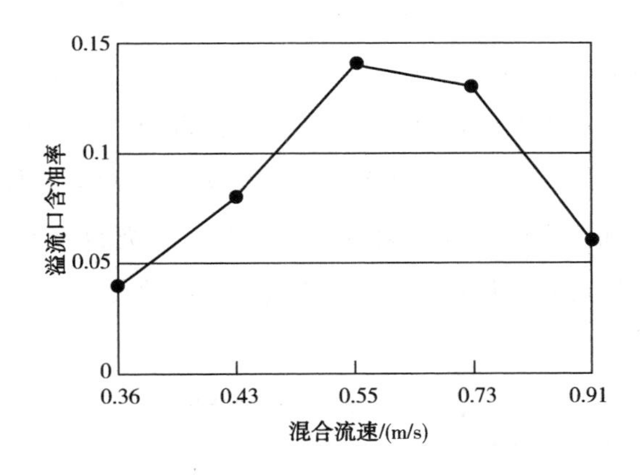

图3-31　流速对溢流口含油率的影响图

最佳分流比的存在已在上面说明，图3-32显示了在入口含油率为3%时，溢流口含油率随混合流速、分流比变化的分布图。由图可以看出，在油水混合流速一定的条件下，都存在一个峰值，与峰值对应的即为最优分流比；随着油水混合流速的增大，最优分流比所处的区间向左移动，即最优分流比的数值随油水混合流速的增大而减小；且随着速度的增大，最大溢流口含油率先增大后减小。这一规律的发现具有重要意义，说明对于一定旋流管结构，在特定的入口含油率下，存在最佳工况，使得旋流器的分离性能达到最佳状态。

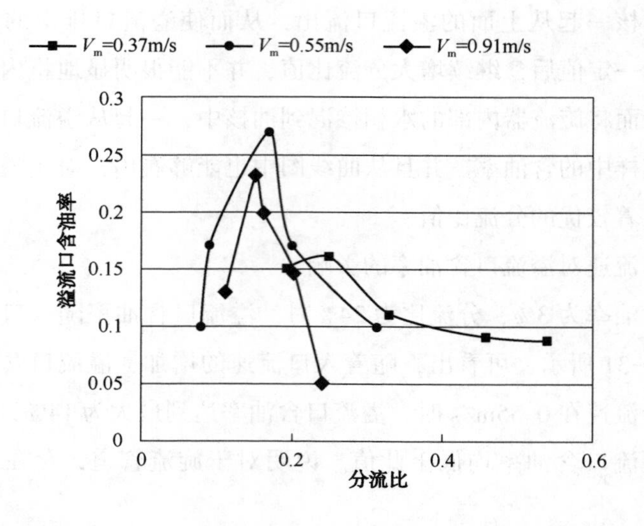

图 3-32　流速对最佳分流比区间的影响

（4）结构参数对旋流器分离的影响

在相同的工况下柱形旋流器结构参数(旋流管直径、入口形状、溢流口直径、旋流管长度等)的改变，对于其分离效果影响较大。设计了四种不同结构参数的旋流器，采用埕岛油田主体原油，通过对其一级、二级旋流器分离效率的考察，初步优选出分离效果最好的设计。四种旋流器的参数如表 3-5 所示，试验液体物性如表 3-6 所示。

表 3-5　旋流器结构参数

序号	入口直径/mm	柱体直径/mm	底流口直径/mm	溢流口直径/mm	入口到底流口高度/mm	总长/mm	入口形状
1#	48	48	38	30	1000	1500	螺旋线形
2#	48	48	38	30	1000	1500	斜 70° 切线
3#	48	48	38	30	1000	1500	切线形矩形
4#	48	48	38	30	1000	1500	切线形圆管

表 3-6　油水物性参数表

物质	密度/(kg/m³)	黏度/[kg/(m·s)]
水	998	0.001
原油	947	0.28

① 一级旋流器分离效果

在实验过程中，通过调整入口水相、油相的流量，以达到一定的入口含油率，约为15%。油水两相混合后总流量变化范围为3~18m³/h，每1m³/h为一个阶梯。底流口分流率约为30%。实验过程中取入口油水混合液样品和底流口水样，并测试其含油率。四种旋流器的下出口含油率如图3-33所示。

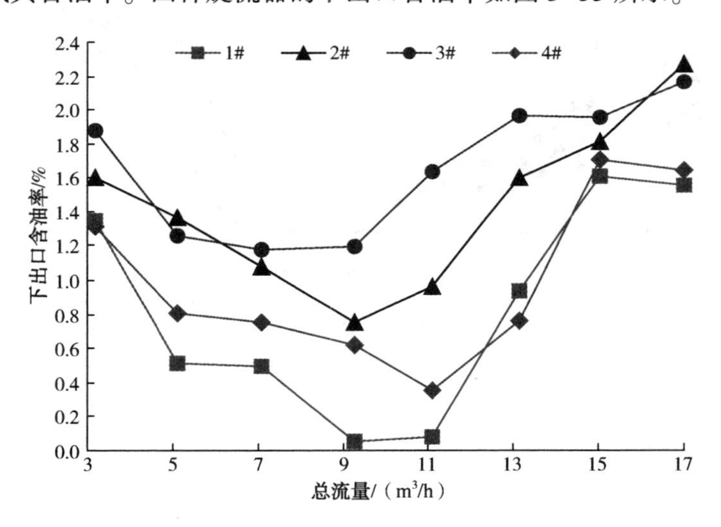

图 3-33　四种旋流器的分离效果

四种旋流器在低流量(9~11m³/h)时，分离效率保持在较高水平，尤其是1#旋流器，分离效率达到99%以上。随着流速的增加，旋流器分离效率有下降的趋势。由图3-33可见四种旋流器分离效率比较结果为：1#旋流器>4#旋流器>2#旋流器>3#旋流器，即在本实验的条件下，1#旋流器的分离效率最高。然而，1#旋流器在保持高分离效率的前提下，处理量较小，应当在目前的结构尺寸基础上进行改进、放大，设计出处理量为600m³/d的油水分离装置样机。

②二级 1#旋流器分离效果

实验方法与条件与一级旋流器基本相同。为比较分离效果，控制第二级旋流器底流口分流率与一级旋流器实验相同。混合液先进入第一级旋流器，分离出一部分油后，进入第二级旋流器再次分离，保持第二级旋流器底流口流量为总流量的 30%。实验过程中取入口油水混合液样品和第二级旋流器底流口水样，测试其含油率。一级、二级旋流器分离效率如图 3-34 所示。由图可知，二级旋流器油水分离效率效果较好。因此在旋流器分离效率不够理想时，可通过增加旋流器的级数进一步提高其分离效率。

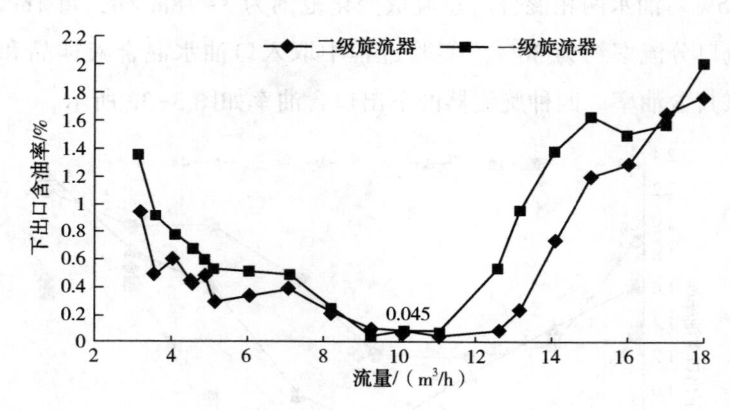

图 3-34　一级、二级旋流器分离效果

4 管道式油水分离装置

4.1 T形管+旋流管内油水两相流动规律的数值模拟

通过前述对T形管和旋流器各自的单独数值模拟方法的验证，发现在定常、恒温条件下，采用修正后的RNG $k-\varepsilon$ 模型、混合多相流模型模拟油水在柱形旋流器中的两相流动规律与实验均相符，因此对T形管+旋流器的数值也采用相同的模拟方法来研究油水两相在其中的流动规律。

4.1.1 几何模型

按照图4-1、图4-2所示几何结构，在Gambit中建立三维几何模型，并将几何模型的入口处划分为若干部分，其余的管段均在连接处进行分割，以便生成高质量网格提高计算精度(使网格扭曲率小于0.85)。整个模型的计算网格单元数为238219个。

4.1.2 边界条件和数值解法

(1) 入口条件

均相流流态、速度入口、给定油相的体积分数、油滴的粒径。入口湍流强度 $I=\frac{v_m L\mu_m}{\rho_m}$，其中 $L=\frac{4A}{S}$，A 为入口管道截面积，S 为入口管截面周长。

图 4-1 旋流管局部网格示意图

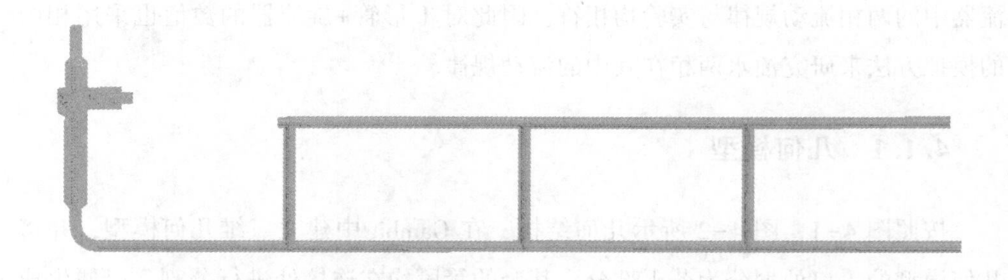

图 4-2 T形管+旋流器结构示意图及网格划分

(2) 出口条件

在定常假定条件下，出口取充分发展边界条件，因为出口无回流，在出口处除了压力之外，其他参量梯度为0。

(3) 固壁边界条件

由于旋流器是静态的且流体是具有黏性的，因此，壁面取无滑移固壁条件，即流体在壁面速度为0。

数值解法基于控制体将控制方程转换为可以用数值方法求解的代数方程，方程的离散采用一阶迎风差分格式，代数方程的求解采用 SIMPLE 算法。

数值计算的油水两相物性和前述单独 T 形管、旋流器中油水多相流动一致。

4.1.3 分流比对油水在其中分离的影响

T 形管+旋流管设备共有 1 个入口、3 个出口，旋流器上出口分流比定义为：

$$f_u = \frac{Q_u}{Q_i}$$

式中 Q_u——旋流器上出口流量。

T 形管上出口分流比定义为：

$$f_{Tu} = \frac{Q_{Tu}}{Q_i}$$

式中 Q_{Tu}——T 形管上出口流量。

T 形管下出口分流比定义为：

$$f_{Td} = 1 - f_{Tu} - f_u$$

当入口混合流速为 6m/s，入口含油率为 10%，入口油滴的平均粒径为 0.09mm，T 形管上出口分流比为 0.3 时，改变旋流器上出口分流比，图 4-3(a)旋流器上出口分流比为 0.1，图 4-3(b)旋流器上出口分流比为 0.5 时，观察旋流管轴心和 T 形管各管段轴心的截面上油水两相的分布，(a)中上出口的含油率低于(b)中上出口的含油率，且在(a)中 T 形管下出口的含油率明显高于(b)中 T 形管下出口的含油率。从图中还可以看出，T 形管在两种情况下，上、下出口的含油率变化不大，而旋流管的上、下出口含油率变化较大，即变化旋流管的上出口分流比对分离影响较大。

当入口混合流速为 6m/s，入口含油率为 10%，T 形管下出口分流比为 0.5 时，改变旋流器上出口分流比，图 4-4(a)旋流器上出口分流比为 0.1，图 4-4(b)旋流器上出口分流比为 0.3 时，如图所示，T 形管下出口的含油率在(a)和(b)中没明显的变化。可见，在保证 T 形管+旋流管分离油水后的下出口流量不变的情况下，调整旋流管上出口分流比对 T 形管下出口水中含油率影响较小，但是旋流管上出口含油率有了较大的提高。综上所述，增大旋流器上出口分流比对旋流器的分离性能有较大的提升，两者结合起来应用时，变化操作参数，旋流器的分离效果立刻显现，而对T形管中的分离效果没有太大的影响。

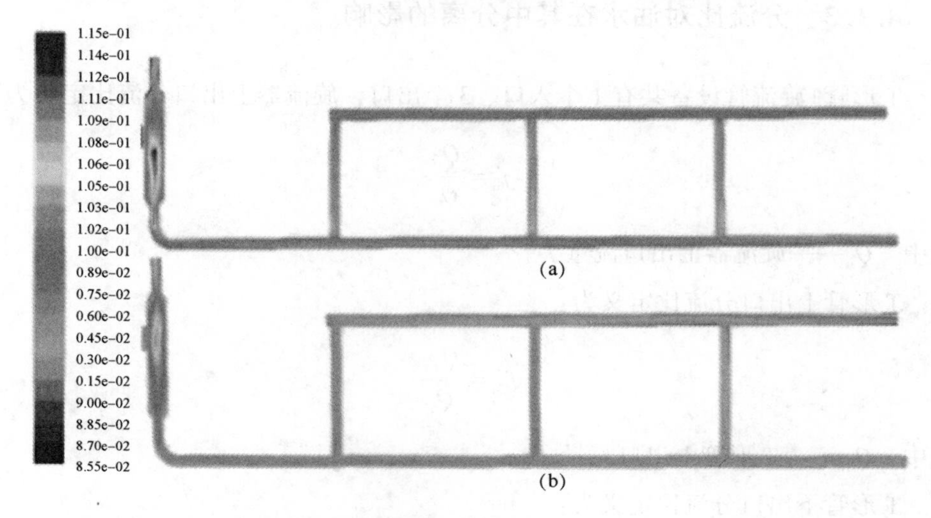

图 4-3　轴截面上油水两相分布 1

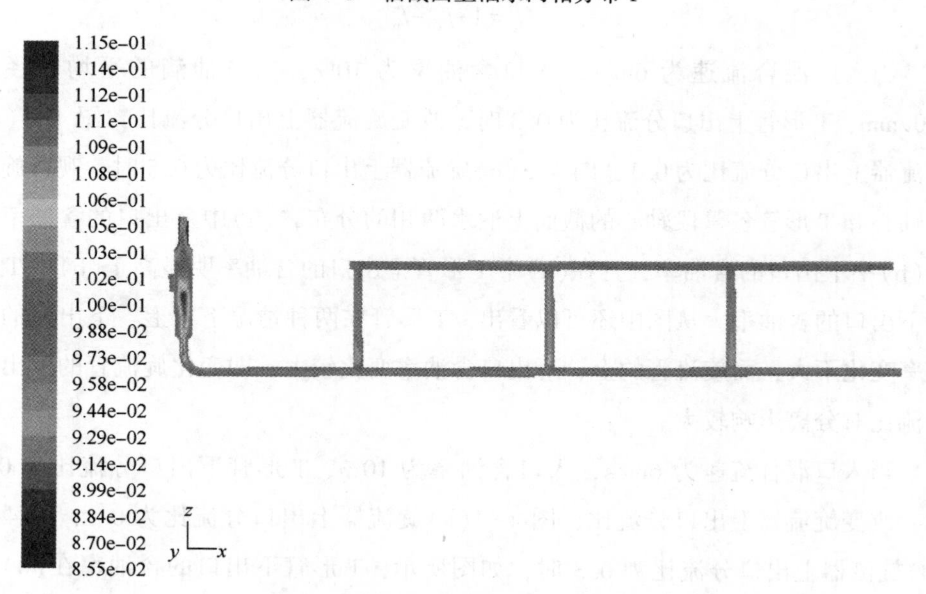

（a）上出口分流比为0.1

图 4-4　轴截面上油水两相分布 2

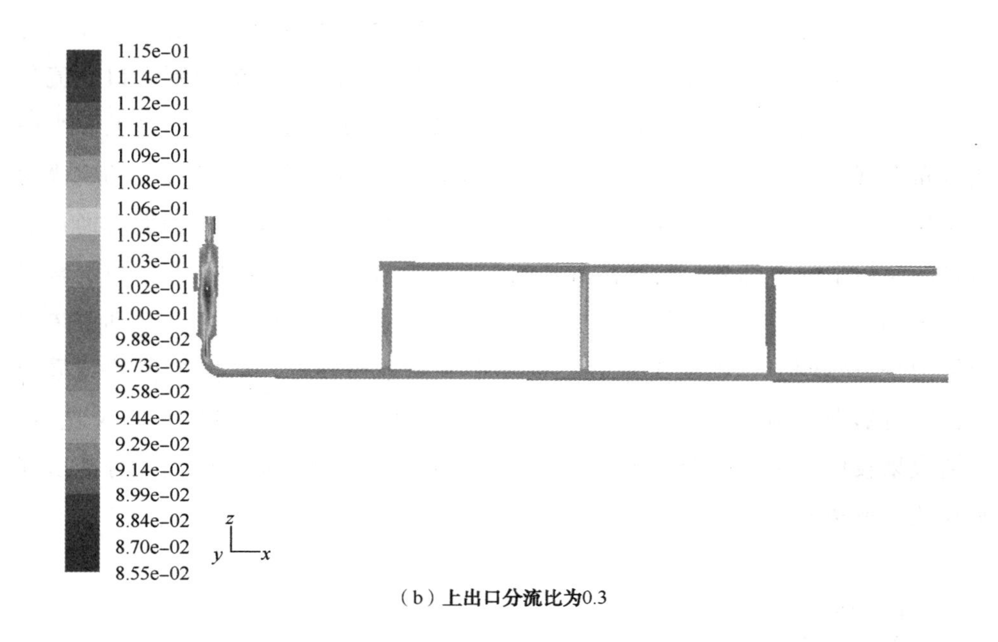

（b）上出口分流比为0.3

图 4-4 轴截面上油水两相分布 2(续)

4.1.4 入口含油率对油水在装置中分离的影响

当入口混合流速为 6m/s，入口油滴的平均粒径为 0.09mm，旋流管上出口分流比为 0.2，T 形管上出口分流比为 0.1 时，T 形管下出口分流比为 0.7，改变入口含油率，通过观察图 4-5 中旋流管轴心和 T 形管各管段轴心的截面上油水两相的分布可以看出，油水两相在其中的分布效果相似，即增大入口含油率，分离性能相似。

4.1.5 入口混合流速对油水在装置中分离的影响

当入口含油率为 0.1，入口油滴的平均粒径为 0.09mm，旋流管上出口分流比为 0.1，T 形管上出口分流比为 0.3 时，T 形管下出口分流比为 0.6，改变入口混合流速，通过观察图 4-6 中旋流管轴心和 T 形管各管段轴心的截面上油水两相的分布可以看出，油水在其中分离的效果相似。其中根据比色卡可以发现，在入口混合流速为 2m/s 时，旋流管上出口含油率高于入口混合流速，为 4m/s 和 6m/s(由于这种旋流器入口有 10 倍提速功能，过大流速则入口湍流严重，能量损失大，并不能起到促进油水分离的作用)。通过观察壁面上油水两相分布发现，有部分水相通过入口直接沿壁面进入溢流管，这部分流动也成为短路流。分析是因为这部分短路流在更高的入口混合流速下，短路流占通过溢流管的流体中的大部分，而这部分短路流大部分是水相，因此，在入口混合流速高于 2m/s 时，对分离反而不利。观察入口混合流速为 0. 5m/s 时，油水在 T 形管中分离较明显，说明 T 形管在低速下分离效果较好。数值模拟的结果说明，旋流器存在最佳的入口流速，即在这种结构下，入口流速为 2m/s 左右，分离效果较佳，过大或者过小都会使分离效果不佳，而 T 形管的高效分离区间是在入口流速较低时。

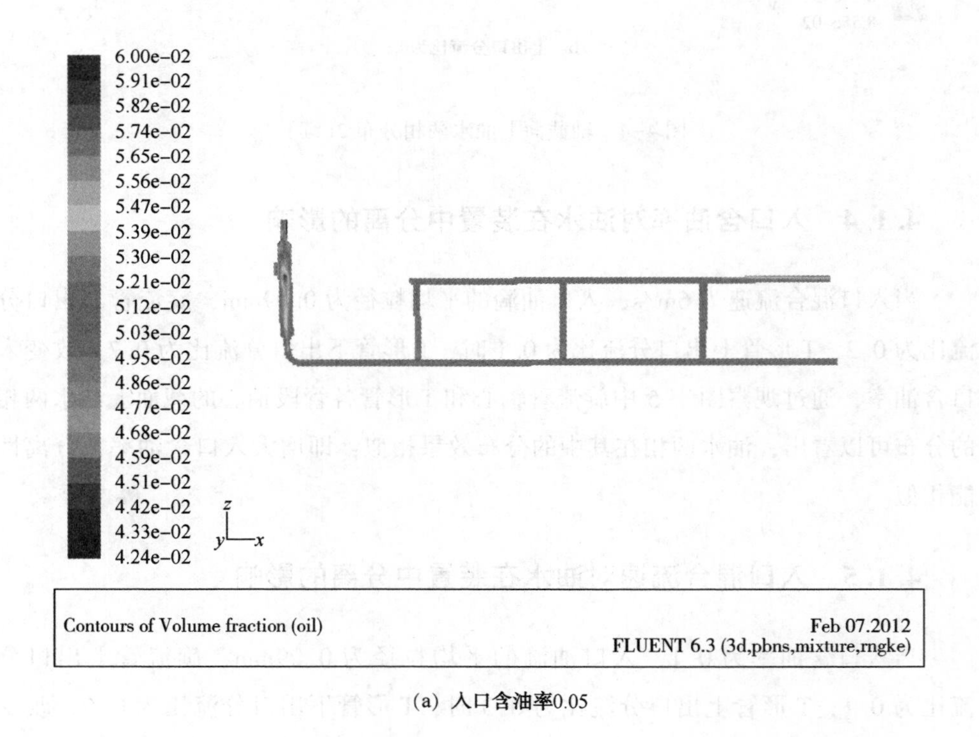

(a) 入口含油率0.05

图 4-5 不同入口含油率时油水两相分布图

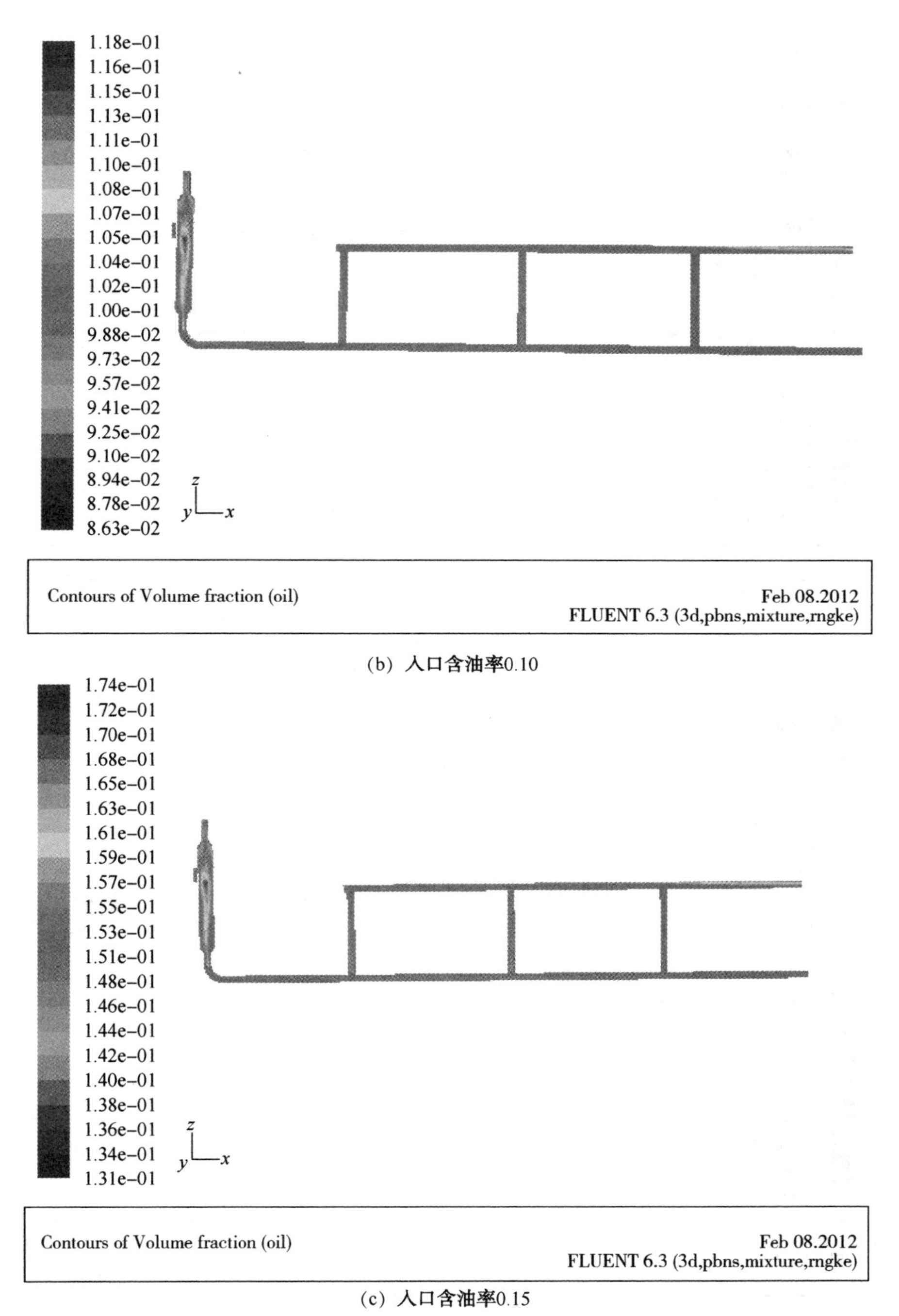

(b) 入口含油率0.10

(c) 入口含油率0.15

图 4-5　不同入口含油率时油水两相分布图(续)

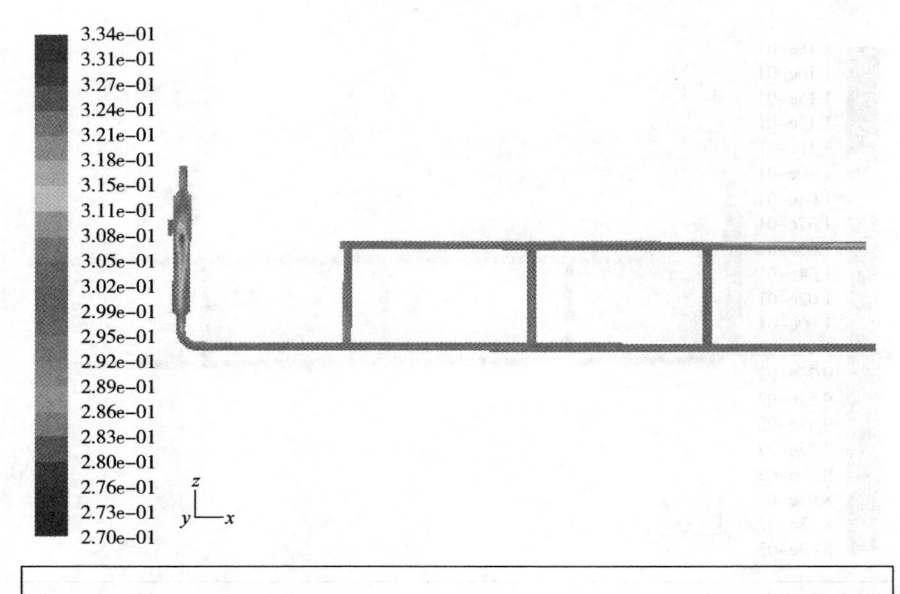

(d) 入口含油率0.30

图 4-5 不同入口含油率时油水两相分布图(续)

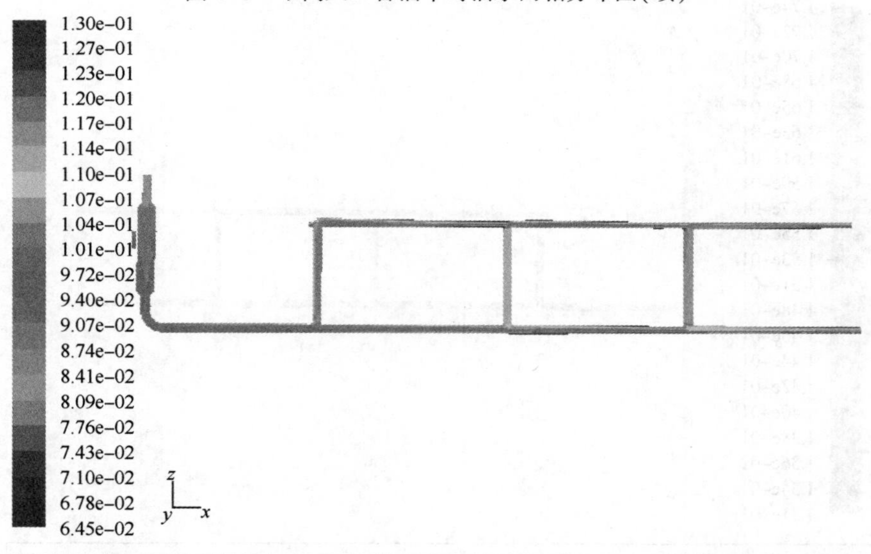

(a) 入口混合流速0.5m/s

图 4-6 在不同入口混合流速下油水两相分布图

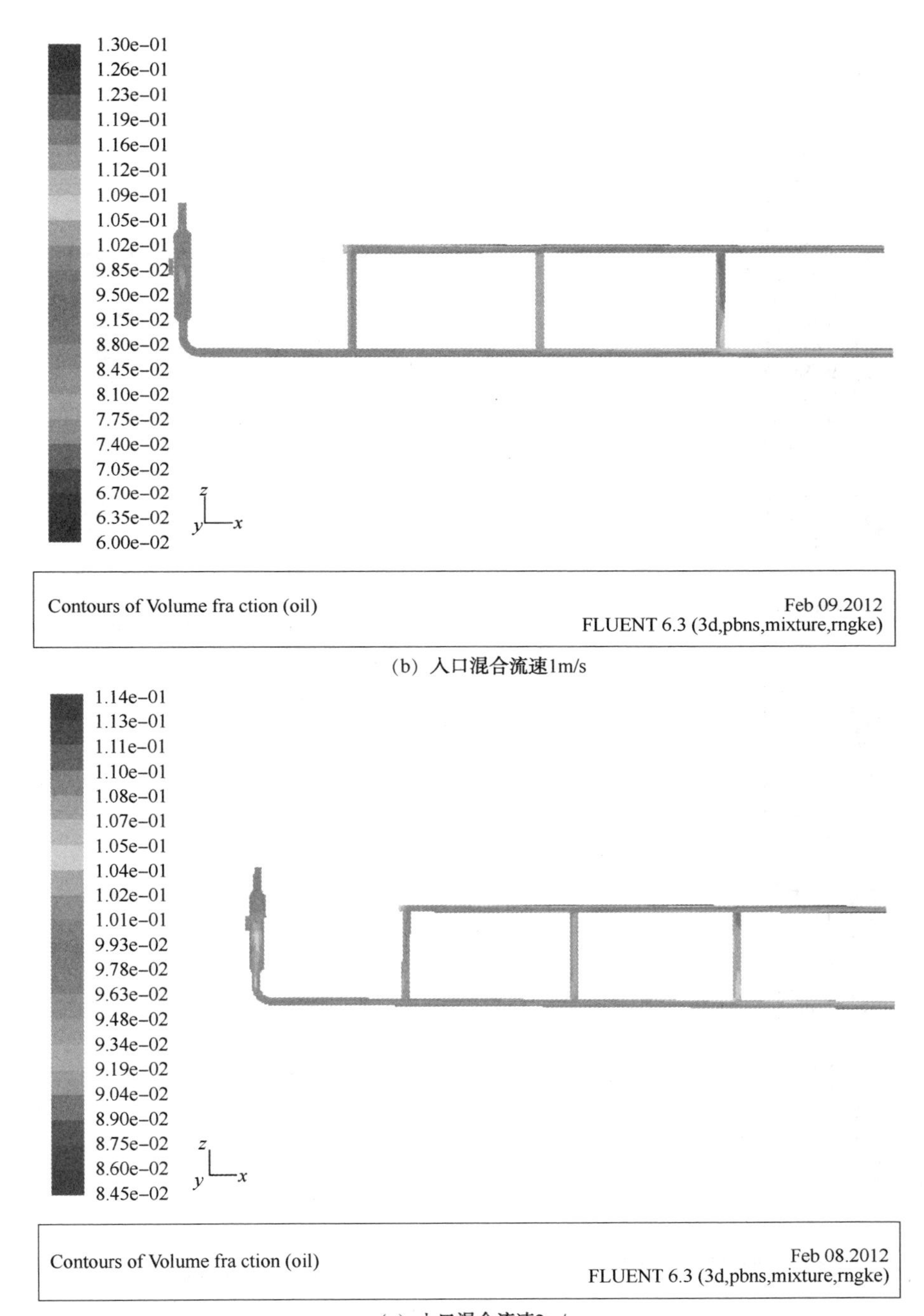

(b) 入口混合流速1m/s

(c) 入口混合流速2m/s

图 4-6　在不同入口混合流速下油水两相分布图(续)

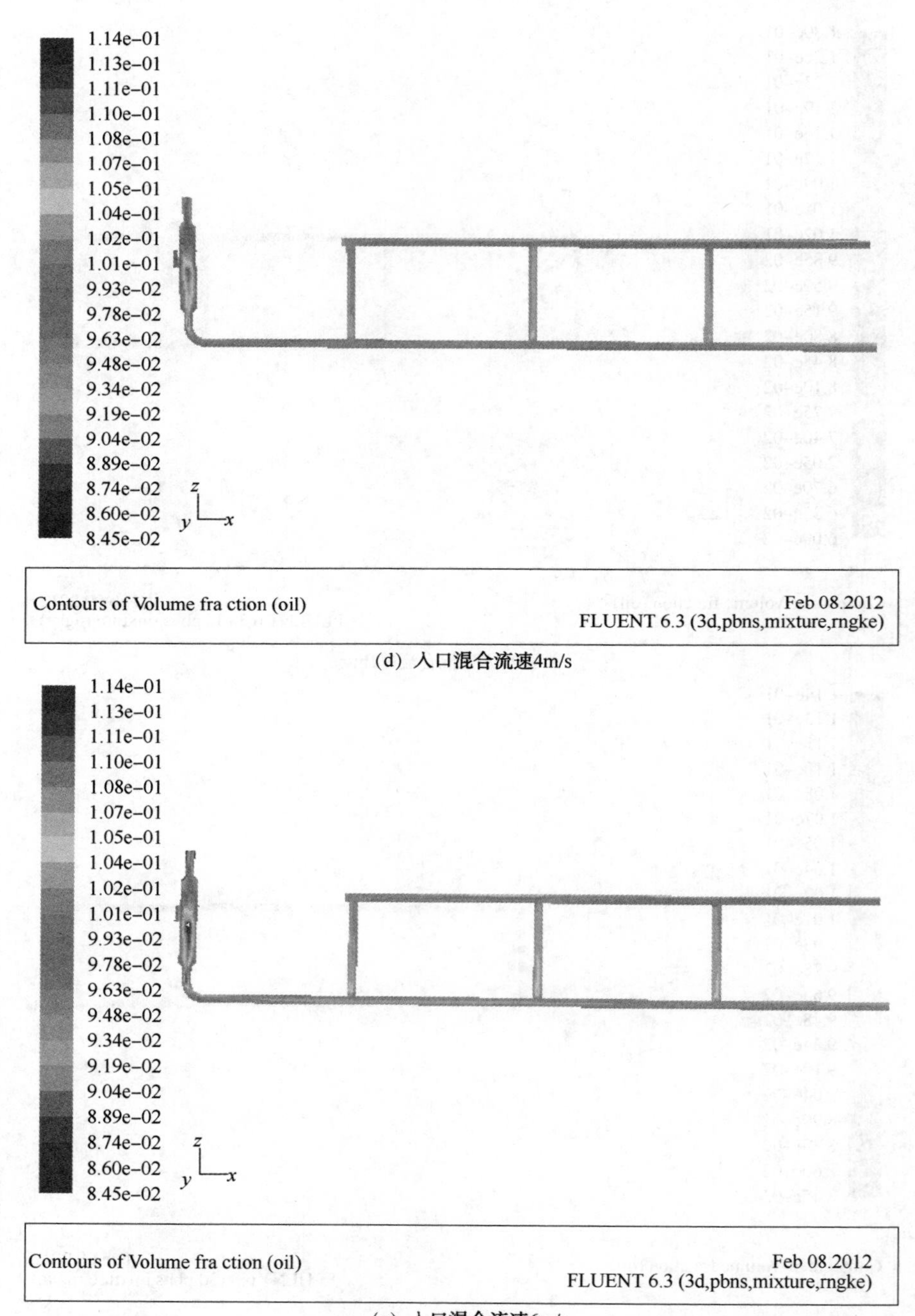

图 4-6　在不同入口混合流速下油水两相分布图(续)

4.2　柱形旋流器与 T 形管原油组合实验

在数值模拟的基础上，将柱形旋流器、T 形管组合起来进行试验。实验介质采用原油和地层采出水。实验中油水混合后进入一级旋流器，由溢流口分出一部分液体流入混合罐。余下的混合液由底流口流入 T 形管，分出的液体由 T 形管上水平管进入出口混合罐，下水平管流出的混合液进入第二级旋流器进一步分离。油水混合后和各个出口均设有取样口，监测含油率的变化。实验中，流速变化范围为 3~18m^3/h，入口含油率约为 15%，第二级旋流器底流口分流率约为 30%。取第二级旋流器底流口样品计算分离效率，与二级旋流器实验的分离效率比较，如图 4-7 所示。流速较低时，组合实验的分离效率低于二级旋流器实验分离效率。而当流速增至 12.0 m^3/h 后，组合实验油水分离效率高于二级旋流器实验分离效率。油水混合液流经实验流程中的 T 形管时，一方面 T 形管的存在使得油水进一步分离，有利于油水分离效率的提高；另一方面，T 形管分流一部分混合液，降低了进入第二级旋流器的液体流速，在低流速情况下，可能影响第二级旋流器作用的发挥。因此在多种油水分离设备同时使用时，需要考虑其相互作用，以便达到最佳的分离效果。

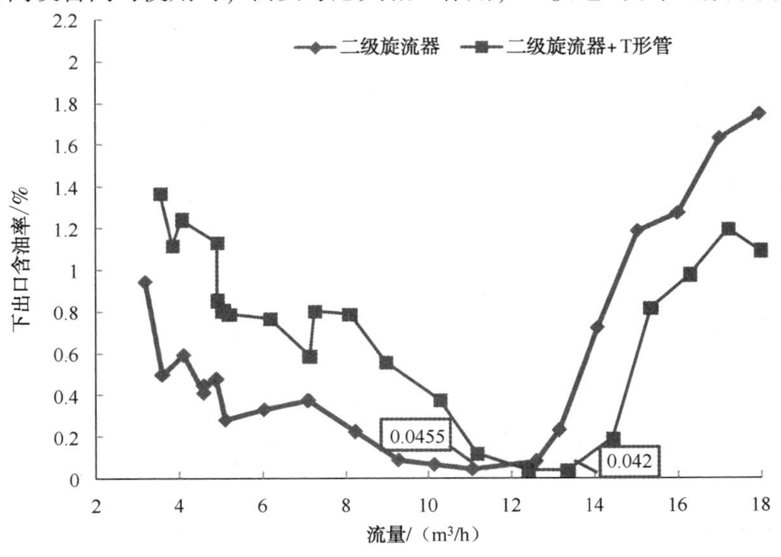

图 4-7　T 形管+二级旋流器与二级旋流器分离效果对比

4.3 管道式油水分离装置设计

在前期室内研究和数值模拟的基础上，将T形管和柱形旋流器分离技术有效耦合，形成了包括一级气液分离柱形旋流器、四级油水分离柱形旋流器和T形管等设备的管道式油气水三相分离装置，如图4-8所示，旋流器和T形管的主要尺寸参数如表4-1、表4-2所示。

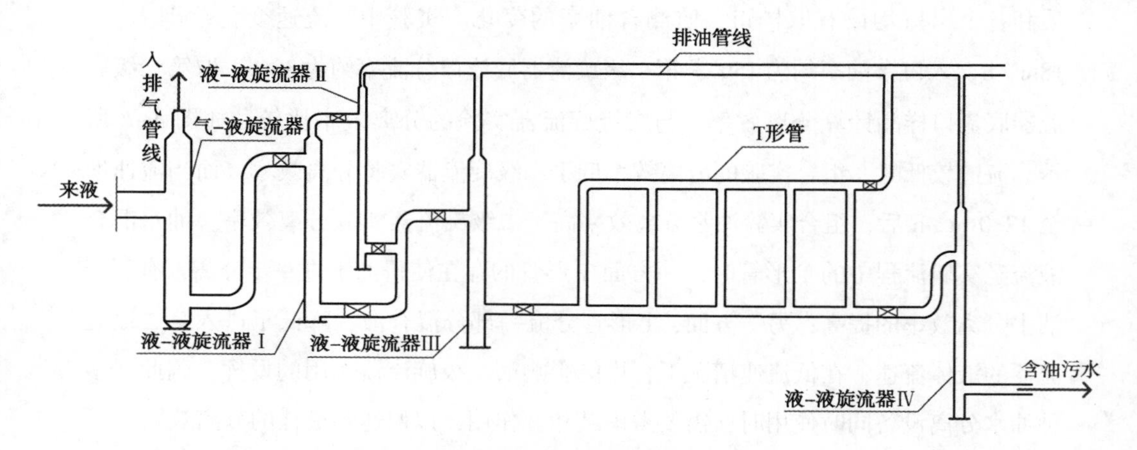

图4-8　管道式油气水分离装置示意图

表4-1　旋流器主要结构尺寸

装置名称	入口直径/mm	底流口直径/mm	溢流口直径/mm	柱体直径/mm	总高度/mm
气-液旋流器	200	75	48	200	1710
第一级柱形旋流器	77	48	48	77	1687
第二级柱形旋流器	48	38	30	48	1658
第三级柱形旋流器	60	48	30	60	1660
第四级柱形旋流器	48	38	30	48	1658

表 4-2 T 形管主要结构尺寸

装置名称	水平管直径/mm	垂直管直径/mm	垂直管数目/根	垂直管间距/mm	垂直管高度/mm
T 形管	48	48	5	1000	500

气-液柱形旋流器和三级油水分离柱形旋流器在陆地试验时为了便于吊装可以做成撬块的模式成平行布置，而在平台上运行时可以按线性排布，不占空间，如图 4-9、图 4-10 所示。

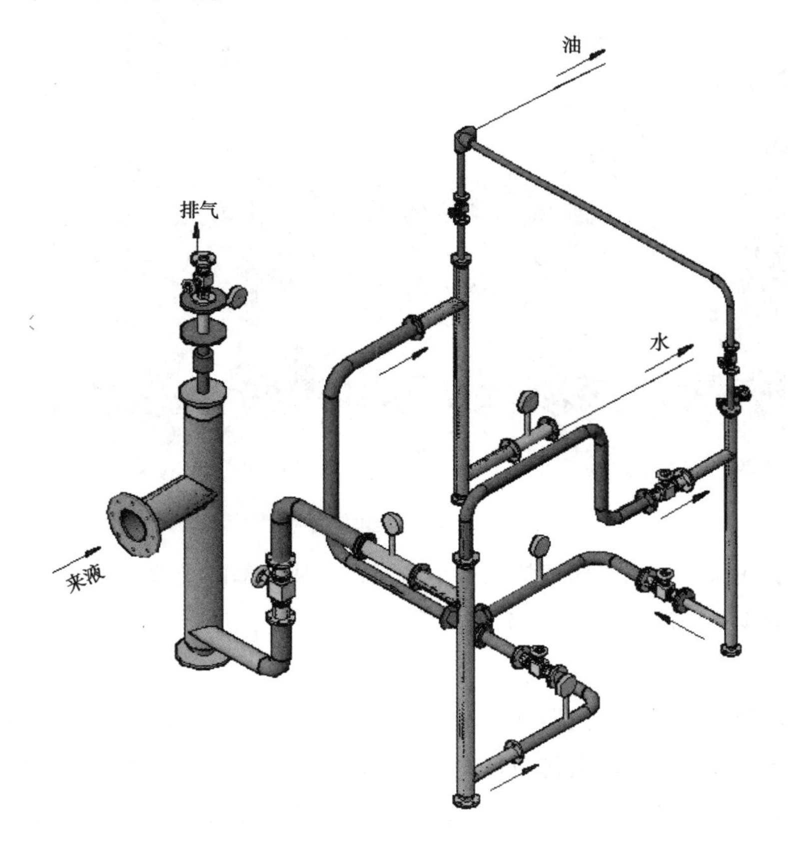

图 4-9 旋流器组平行布置图

工作原理为：采用柱型旋流器离心加重力分离的方法，液样从水平管道进入气-液分离旋流器，在离心力和重力的共同作用下，液体旋转下降，在旋流器底

图 4-10　旋流器组实物照片

部聚集，从底流口排出，而气体上升至溢流口，从上部的溢流口排出。为去除气体中含有的少量液滴，在气-液分离旋流器溢流口处，加装一除雾器，对微量的液滴进行拦截去除。

Ⅰ级柱型油水分离旋流器处理经气-液分离旋流器分离出的液样，对油水进行初步分离。油水混合液由切向管进入旋流器柱体后，产生较强的旋转流场，而由于油、水密度差的不同，产生不同的离心力。重质相水被甩到柱体边壁，向下流动，从旋流器底流口流出，而轻质相油聚集在旋流器中部，形成油核，在压力匹配的作用下，往上流动，从旋流器上部溢流口排出。

由Ⅰ级旋流器溢流口排出的富油液体进入Ⅱ级旋流器进行进一步的油水分

离，其分离原理与Ⅰ级相同。控制溢流口与底流口处的流量配比，分流比达到合适的值，使Ⅱ级旋流器溢流口出油的含水尽量低。从Ⅰ级旋流器和Ⅱ级旋流器底流口排出的水样，混合后进入Ⅲ级旋流器对水进行深一层的处理，此时水样中的含油率较低。控制Ⅲ级旋流器溢流口和底流口的分流比，使底流口中水中含油尽量低。Ⅲ级旋流器底流口分出的含油污水进入T形管进一步处理，在重力的作用下富油液体进入上水平管，从而使得下水平管中污水含油率进一步降低。含油污水经下水平管出口进入Ⅳ级旋流器进一步处理后，污水由底流口排除，此时污水含油率应能满足后期污水处理装置对污水含油率的要求。

5 陆地现场试验

为了验证管道式油气水分离装置的应用效果，并研究其优化方案，于2012年9月至11月在胜利油田海洋采油厂海六联合站进行了为期2个多月的现场试验研究。

（1）试验目的

① 研究油水分离柱形旋流器分离效果；

② 验证T形管分离效果；

③ 优化油水分离柱形旋流器、T形管运行参数；

④ 考察管道式油气水三相分离装置处理效果及适应性；

⑤ 优化管道式油气水三相分离装置工艺流程。

（2）试验工况

选定胜利油田海洋采油厂海六联合站为现场试验场地，其来液为垦东油田的产液，具体物性参数如表5-1所示。

表5-1 现场来液的油气水工况

试验地点	黏度(50℃净化油)/(mPa·s)	密度(20度纯油)/(g/cm^3)	来液压力/MPa	来液温度/℃	生产气液比/(m^3/t)	含水/%
海六联合站	49	0.9	0.4	50	43	78

（3）试验工艺流程

通过进入海六站前主干路所开设的一个进口将油气水混合液引入管道式油气水分离装置中，经过分离后取样测试，分离后的油水重新混合后通过缓冲罐后的泵重新泵入总干线；分离后的气体进入天然气分离装置。图 5-1 为现场设备及管路布置图，不同实验方案的实现通过开关阀门、改变管路连接来实现。

图 5-1　油气水三相分离器现场实物图

（4）试验结果分析

针对旋流器、T 形管等装置进行了 4 种、16 组组合实验。实验中流量变化范围为 8~25m³/h，入口含油率在 12%~30%之间波动，改变各装置组合形式和分流比，测试处理后水中含油率。试验的部分结果如表 5-2 所示。由实验数据可见，实验条件的改变对水中含油率的影响较大，经油水分离装置处理后，水中含油率最低可降低至 400ppm 以内。

表 5-2　海六站第一阶段现场试验数据

序号	实验方案	入口流量/(m^3/h)	入口含油率/%	一级下流量/(m^3/h)	二级上流量/(m^3/h)	T 形管下出口流量/(m^3/h)	三级上流量/(m^3/h)	分水率/%	水中含油率/%
1	二级旋流	8.52	12.0	8.52	2.79	—	—	43.3	0.27
2	二级旋流	12.36	24.9	12.36	4	—	—	56.6	16.80
3	二级旋流	15.07	29.2	15.07	6.5	—	—	56.9	8.60
4	一级旋流+二级旋流	15.12	22.0	13.2	0.5	9.25	3.12	40.5	0.04

续表

序号	实验方案	入口流量/(m^3/h)	入口含油率/%	一级下流量/(m^3/h)	二级上流量/(m^3/h)	T形管下出口流量/(m^3/h)	三级上流量/(m^3/h)	分水率/%	水中含油率/%
5	一级旋流+二级旋流+T形管	8. 1	17. 0	4. 1	0. 05	1. 83	—	22. 8	0. 04
6	一级旋流+二级旋流+T形管	9. 8	15. 5	6. 18	0. 66	1. 83	—	18. 7	0. 05
7	一级旋流+二级旋流+T形管	8. 05	16. 9	4. 1	0. 05	1. 85	—	23. 2	0. 07
8	一级旋流+二级旋流+T形管	8. 12	18. 3	4. 1	0. 05	1. 78	—	22. 3	0. 05
9	一级旋流+二级旋流+T形管+三级旋流	7. 95	17. 2	4. 1	0. 05	1. 83	0. 45	17. 2	0. 05
10	一级旋流+二级旋流+T形管+三级旋流	8. 06	15. 4	4. 1	0. 05	1. 85	0. 37	18. 4	0. 05
11	T形管+三级旋流	19. 99	24. 8	19. 99	—	7. 42	4. 3	15. 6	1. 02
12	一级旋流+二级旋流+T形管+三级旋流	7. 4	22. 0	4	2. 37	1. 5	0. 35	15. 6	1. 20
13	一级旋流+二级旋流+T形管+三级旋流	10	13. 6	7. 8	4. 19	2. 35	0. 72	16. 3	1. 47
14	一级旋流+二级旋流+T形管+三级旋流	11. 58	15. 5	4. 81	1. 3	2. 82	1. 14	14. 5	0. 54

续表

序号	实验方案	入口流量/(m^3/h)	入口含油率/%	一级下流量/(m^3/h)	二级上流量/(m^3/h)	T形管下出口流量/(m^3/h)	三级上流量/(m^3/h)	分水率/%	水中含油率/%
15	一级旋流+二级旋流+T形管+三级旋流	18.64	19.1	11.11	5.03	2.65	0.75	10.2	0.96
16	一级旋流+二级旋流+T形管+三级旋流	22.31	24.0	13.03	3.51	5.96	4.3	7.4	0.06

实验中发现，冬季海六站来液气量大、流量不稳定，前段气-液旋流器无法将气体清除干净，而气体对液-液旋流器效果影响较大，实验结果总体未达到预定指标。为了进一步降低水中含油率，提高分水量，有必要对现场实验流程进行改造。当流量较大时，入口流速高，加上体积含气率非常高，平均达到95%，因此，柱形气-液旋分器的直径不能太小，故在流程前加设气-液预分罐，主要利用气、液密度差异大，在重力作用下实现初步分离。这样气-液预分罐既实现了气、液分离，同时还能起到油水预分的作用。之后，油水混合液在进入后续小直径柱形旋流器时，不含气体，利用小直径柱形旋流器将含油降到1%以内；该含油低于1%以内的混合液再进入T形管+第二级柱形旋流器进行进一步分离。其中第一级、二级柱形旋流器直径分别为ϕ75mm、ϕ50mm。试验流程更改为来流首先经过油气水预分罐，然后进入第一级旋流管，再进入T形管，最后进入第二级旋流管。改进后的实验流程如图5-2所示。

流程改造后，对旋流器、T形管等装置进行了4种、共25组组合实验，实验中入口流量约为20~25m^3/h，入口含油率在15%~27%之间波动，改变各装置组合形式和分流比，测试处理后水中含油率。其中一组取样结果如图5-3所示；具体实验数据如表5-3所示。由以上图、表可知，装置改进后的分离效果明显好于第一阶段，处理后水中含油可低至180ppm。

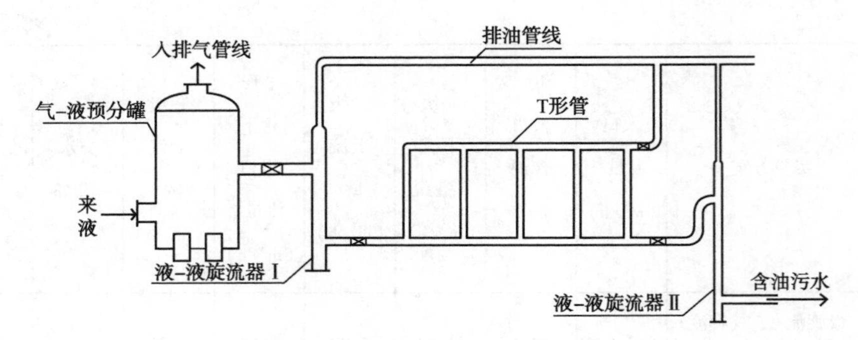

图 5–2 改进后的实验流程图

图 5–3 序号 23 试验取样结果(预分罐+一级旋流器+T 形管+二级旋流器)

表 5–3 装置改进后的实验结果

序号	实验方案	入口流量/(m^3/h)	入口含油率/%	一级下流量/(m^3/h)	T 形管下出口流量/(m^3/h)	二级上流量/(m^3/h)	分水率/%	水中含油率/%
1	预分罐+一级旋流	18.7	17.80	6.5	—	—	34.80	0.45
2	预分罐+一级旋流	22.2	15.60	9.2	—	—	41.30	0.88
3	预分罐+一级旋流	22.2	19.80	7.1	—	—	32.10	0.76

续表

序号	实验方案	入口流量/(m^3/h)	入口含油率/%	一级下流量/(m^3/h)	T形管下出口流量/(m^3/h)	二级上流量/(m^3/h)	分水率/%	水中含油率/%
4	预分罐+一级旋流+T形管	15.9	16.70	6.3	3.9	—	24.70	0.42
5	预分罐+一级旋流+二级旋流	9.8	25.00	4.2	3.8	1.8	20.40	0.25
6	预分罐+一级旋流+二级旋流	13.7	18.10	4.6	3.8	1.3	18.50	0.70
7	预分罐+一级旋流+二级旋流	17	16.70	6.9	6.9	2.7	24.60	0.04
8	预分罐+一级旋流+二级旋流	20.2	18.90	10	8.5	2.9	27.60	0.05
9	预分罐+一级旋流+二级旋流	20.3	18.50	9.7	10.3	3.5	33.30	0.03
10	预分罐+一级旋流+二级旋流	20.7	21.30	9.9	10.2	4.6	27.10	0.05
11	预分罐+一级旋流+二级旋流	20.9	21.60	11.6	12.3	5.1	34.40	0.05
12	预分罐+一级旋流+二级旋流	21.1	20.70	10.9	11.8	4.2	35.90	0.05
13	预分罐+一级旋流+二级旋流	21.1	17.20	6.6	6.3	0.2	28.80	0.04

续表

序号	实验方案	入口流量/(m^3/h)	入口含油率/%	一级下流量/(m^3/h)	T形管下出口流量/(m^3/h)	二级上流量/(m^3/h)	分水率/%	水中含油率/%
14	预分罐+一级旋流+二级旋流	21.5	18.90	6.6	4.9	2.9	9.30	0.05
15	预分罐+一级旋流+二级旋流	22.1	21.40	5.3	5.2	2.2	13.40	0.06
16	预分罐+一级旋流+二级旋流	23.3	21.50	6.1	5.5	1.6	16.80	0.05
17	预分罐+一级旋流+二级旋流	24.6	16.70	7.6	6.7	1.7	20.50	0.04
18	预分罐+一级旋流+T形管+二级旋流	18.7	17.80	6.5	6.8	2.5	22.70	0.05
19	预分罐+一级旋流+T形管+二级旋流	20.5	19.60	10.9	10.6	3.8	33.40	0.05
20	预分罐+一级旋流+T形管+二级旋流	20.8	17.90	11.3	11.6	4.7	32.70	0.03
21	预分罐+一级旋流+T形管+二级旋流	21.2	26.40	8.3	7.3	2.4	23.10	0.22
22	预分罐+一级旋流+T形管	24.8	16.30	15.2	13.7	4.8	35.90	0.03
23	预分罐+一级旋流+T形管+二级旋流	25.3	18.20	14.5	13.1	4.6	33.50	0.03

续表

序号	实验方案	入口流量/(m^3/h)	入口含油率/%	一级下流量/(m^3/h)	T形管下出口流量/(m^3/h)	二级上流量/(m^3/h)	分水率/%	水中含油率/%
24	预分罐+一级旋流+T形管+二级旋流	25.9	17.00	10.6	9.7	3.5	23.80	0.53
25	预分罐+一级旋流+T形管+二级旋流	25.1	21.90	14.8	13.3	4.7	34.50	0.018
26	预分罐+一级旋流+T形管+二级旋流	25.4	20.40	14.7	13.2	4.6	33.90	0.02

由以上实验结果可知，“预分罐+一级柱形旋流器+T形管+二级柱形旋流器”的实验方案，能够对来液起到气液分离和缓冲的作用，大大降低了气体对油水分离柱形旋流器的影响，这种组合大大提高了装置的油水分离效率。为了进一步验证这种组合的油水分离效果和稳定性，按照第25组实验的实验条件，进行了约1个月的重复实验。实验结果如图5-4所示。

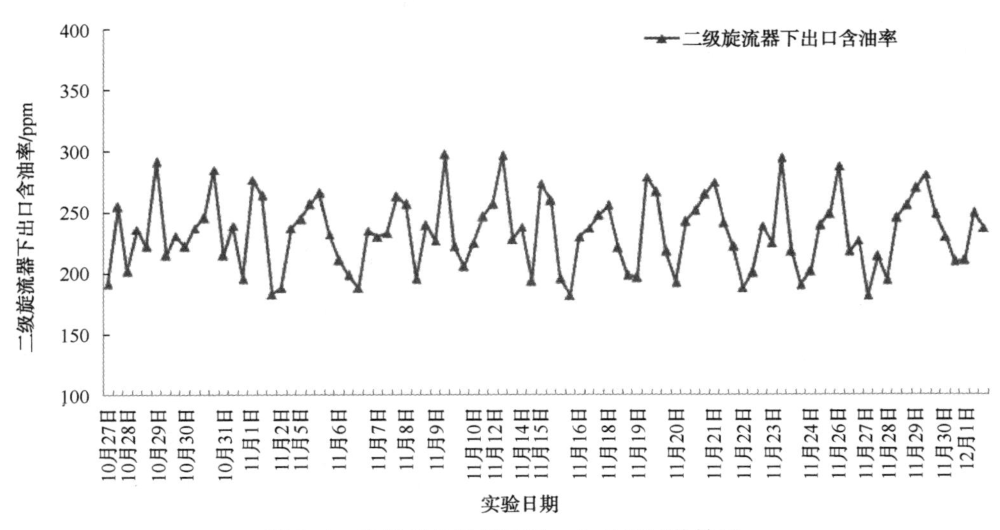

图5-4　改进后的装置运行一个月的试验结果

由图 5-4 可见，在流量为 23～25m^3/h 的情况下，油水分离装置处理后水中含油在 300ppm 以内，能够达到预期目标，油水分离效果稳定。通过陆地现场试验优选，最终油水分离装置确定为：气液预分罐+一级柱形旋流器+T 形管+二级柱形旋流器。

6 海上水力旋流油水分离工艺改造

6.1 现有水力旋流除油装置应用效果及存在问题

胜利油田埕岛中心二号平台由生活平台、动力及注水平台、油气及水处理平台、储罐平台和注水罐及天然气处理平台 5 个平台组成，于 1998 年 8 月投产，2010 年对平台污水处理系统污水接收罐、水力旋流器、核桃壳过滤器进行改造，设计处理规模 10000m^3/d，污水处理系统目前工艺流程如下：

高效三相分离器分出污水→ 污水接收罐→ 污水提升泵→ 水力旋流器→ 纤维球过滤器→ 注水罐 → 注水泵 → 海底管线

中心二号平台污水水质情况如表 6-1 所示。

表 6-1 中心二号平台水质检测表

检测内容＼检测点	三相分离器来水	接收罐出水	旋流器出水	过滤器出水
水温/℃	60	—	—	—
含油/(mg/L)	415.2	313.2	103.6	81.5
悬浮物/(mg/L)	75.0	50.0	40.0	34.0
粒径中值/μm	13.014	—	—	5.936

可以看出，作为油水分离的主要设备，水力旋流器进水含油为 313.2mg/L，

出水含油为 103.6mg/L，除油率为 66.9%。而原设计流程中旋流分离器进水指标为含油≤500mg/L，出水含油指标为含油≤30mg/L，设计除油率为 94%。可见，目前实际运行中旋流器出水含油远远大于设计指标，直接造成过滤器以及注水罐含油量过高，影响了过滤效果和注水效果。

影响旋流器油水分离效率的因素主要包括外部工况条件和结构尺寸条件两个方面，除了采出水水性以及外部工况条件以外，旋流器结构尺寸是否精确合理也会对油水分离效果产生重要影响，例如旋流腔内径、旋流腔长度、锥角大小等，结构尺寸不合理，将会影响流体在旋流管内的流态稳定和压力分布，从而影响油水的分离。因此，对于旋流管局部结构的设计，必须通过精确模拟和分析计算进行确定。

针对目前水力旋流器制造标准不统一，水力分析不精确，应用现场水质条件差别大等问题，对中心二号平台在用旋流管进行检测，分析其结构设计上存在的问题，通过对旋流器的应用情况进行模拟分析，分析当前污水处理效果不佳的原因，并开展优化设计研究。

6.2 现用旋流管尺寸检测结果

6.2.1 旋流管外径检测结果

按照功能区，可将标准旋流管划分为旋流腔、大锥段、小锥段、平尾段四个区域(图 6-1)。其中，旋流腔和大锥段统称为旋流体，也是旋流管的主体部分，通常是由上部的圆柱段(旋流腔)与下部的圆锥段(大锥段)组成。液体从切向入口进入旋流腔内产生高速旋转的液流。旋流腔的直径是水力旋流管的主直径，其大小不但决定了水力旋流管的处理能力，而且其和旋流腔、大锥段长度的比例关系也是确定其他参数的重要依据，在很大程度上影响着水力旋流管油水分离的能力。

中心二号平台在用旋流管外观如图 6-2 所示。考虑到收油要求，旋流管在收油口一侧加装了集油腔。

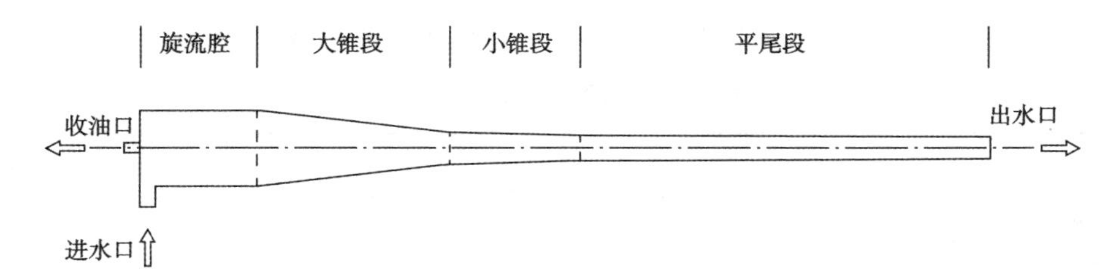

图 6-1　旋流管标准结构示意图

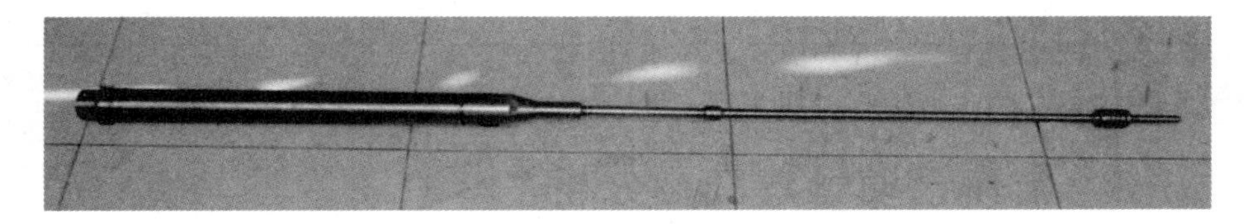

图 6-2　旋流管外观照片

首先利用游标卡尺检测法对旋流管外壁尺寸进行检测，具体结果如表 6-2 所示。

表 6-2　旋流管外径检测结果

功能区 / 检测结果	集油腔	旋流腔	大锥段	小锥段	平尾段
外径/mm	55	54.8	30.3~54.8	19.2~30.3	13.8~19.2
长度/mm	612.5	28.5	51.5	67.5	964

6.2.2　旋流管内径检测结果

对于旋流管内径及局部细节尺寸，采用尿素塑模检测法进行测量，局部照片及尿素模型如图 6-3 所示。

进水腔局部

旋流腔内壁

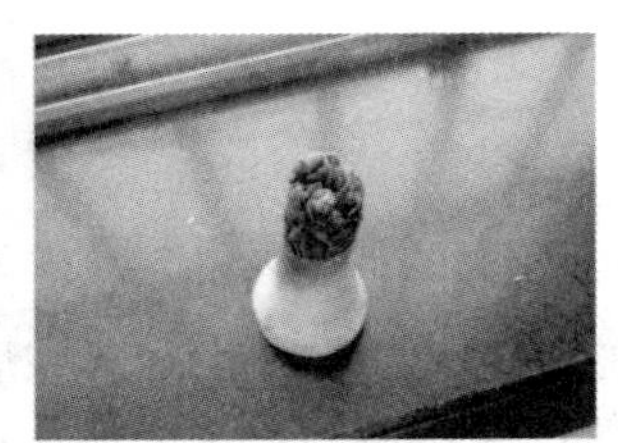

局部尿素塑模

图 6-3　旋流管局部照片及尿素模型

旋流管各部分内径尺寸检测结果如表 6-3 所示。

表 6-3 旋流管内径检测结果

功能区 检测结果	集油腔	收油口	进水口	旋流腔	大锥段	小锥段	平尾段	出水口
内径/mm	40	2	20×3 （长方形）	40	17~40 锥角 25°	13. 4~17	8~13. 4	8

6. 3 旋流管模型建立及分析

6. 3. 1 旋流管模型建立

旋流管模型的建立主要借助于 Gambit 分析软件进行，根据旋流管内径检测结果建立的旋流管三维模型，如图 6-4 所示。

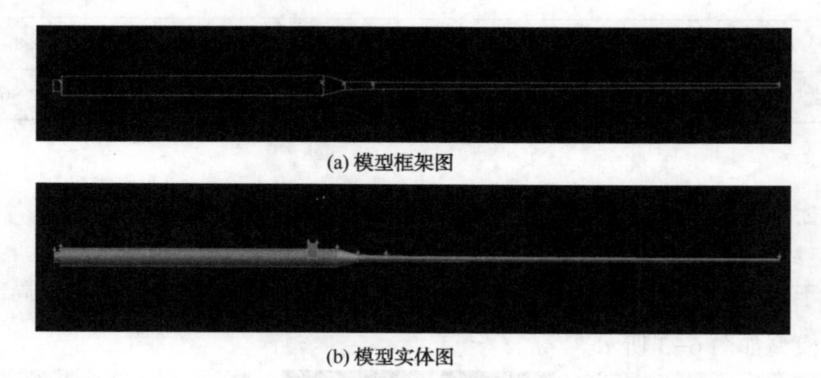

(a) 模型框架图

(b) 模型实体图

图 6-4 旋流管模型图

建立三维模型后，对模型进行了网格划分。在网格划分时，由于入口附近区域的旋流最为强烈，为了在后续的模拟过程中得到更精确的结果，对入口区域进行了局部加密，生成小块体网格，其他区域采用 Gambit 提供的六面体网格对模型进行划分，这样既可以提高计算精度又可以加快计算速度。最终网格生成的总数目大约为 30 万个。网格划分后的模型如图 6-5 所示。

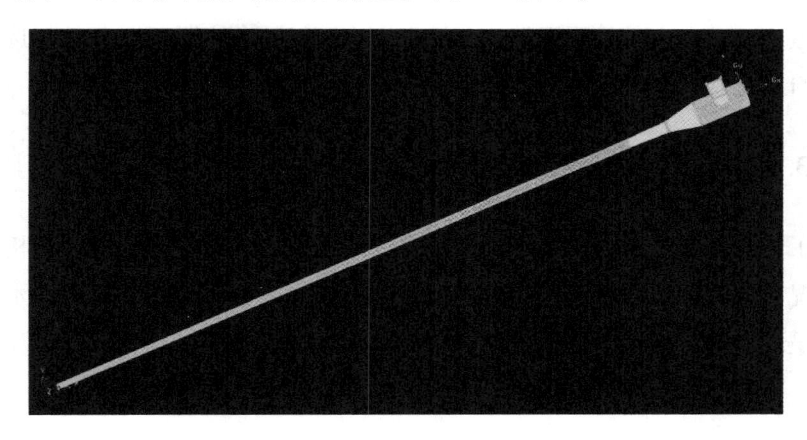

图 6-5　旋流管模型划分网格图

6.3.2　旋流管运行过程模拟

为了确保流体模拟的准确性，本次计算及模拟所用的软件为美国 ANSYS 公司的 Fluent 系统平台。

液相的边界条件

（1）入口边界条件

入口温度：45～60℃；

入口流量：1～2m^3/h；

入口压力：0.5～0.7MPa；

进水含油量：300～500mg/L；

油品密度：0.94g/cm^3。

（2）出口边界条件

出口包含收油口和出水口，均按流动充分发展条件处理。

（3）固体壁面边界条件

固壁边界按照无滑移边界条件处理，默认壁面粗糙度为 0.5。壁面效应是旋涡和湍流的主要来源，因此近壁区的处理对数值求解结果的准确性有显著影响。本次计算按照壁面不可渗透，不存在滑移速度考虑，并使用标准壁面函数法确定固壁附近流动。

借鉴相关参考文献的论证结论，结合中心二号平台实际工况条件，选择较为常用的“Euler-Mixture”模型进行计算。

6.3.3　在用旋流管液相流场模拟结果及分析

为了更好地显示水力旋流管内部压力、速度、湍流度、轨迹线等分析参数的分布状况，首先对旋流管关键部位取值截面进行了定义，主要包括：进水口横截面、大锥段横截面及出水口横截面，示意图如图 6-6 所示。

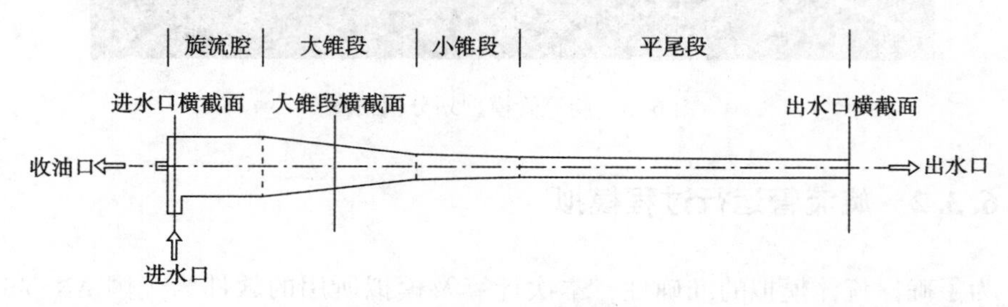

图 6-6　旋流管采集数据的横截面

（1）旋流管内流场速度矢量

速度矢量指标可以用来指示流场内流体的流动方向以及速度大小，能够比较直观地判断流态的变化情况，单位为 m/s。

在用旋流管进水口截面的速度矢量分布情况如图 6-7 所示。

由图 6-7 可以看出，旋流管进口截面处有明显的旋流效果，但内部液流存在着较为明显的不对称性，旋涡中心点偏向于管体几何中心的右侧(按图示方向)。

在用旋流管大锥段截面的速度矢量分布情况如图 6-8 所示。

由图 6-8 可以看出，在大锥段中部截面处，尽管流场整体仍处于旋流状态，但局部速度矢量方向明显出现不规则偏流，表明局部流态已发生变化。这可能是由于在缩颈过程中，轴向方向上局部产生了不均匀的回压，从而造成局部流态的紊乱。

（2）旋流管内流场静压力分布

进水口横截面静压分布情况如图 6-9 所示，对于圆柱体坐标的流体流动，当流体是不可压缩、定常、轴对称的，可以认为径向速度远小于切向速度，故静压随着旋流管半径的变小而急剧降低，中心涡核静压甚至低于入口压力，致使中心处出现滞流和倒流现象，模拟的结果虽然与上述理论分析一致，但静压涡核中心与速度矢量中心同样偏向于管体几何中心的右侧(按图示方向)，分析这种情况可能是由于流场中局部压力不均匀所导致。

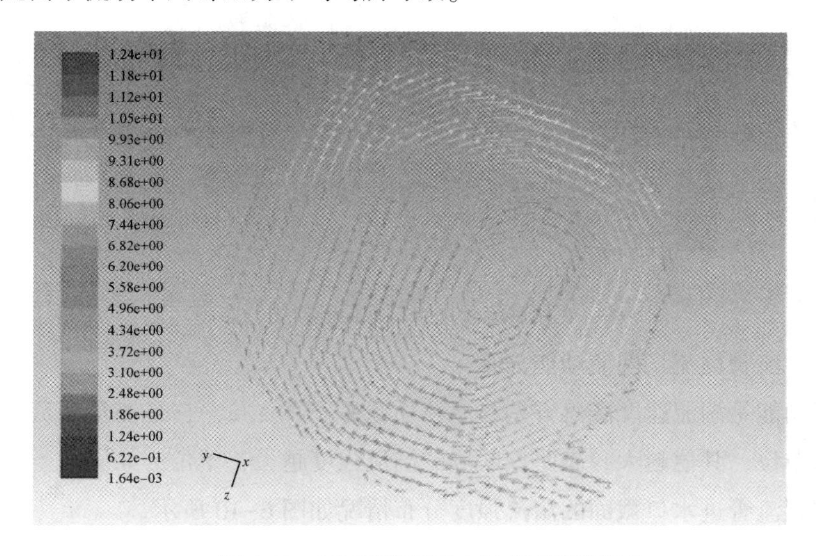

图 6-7　在用旋流管进水口截面速度矢量

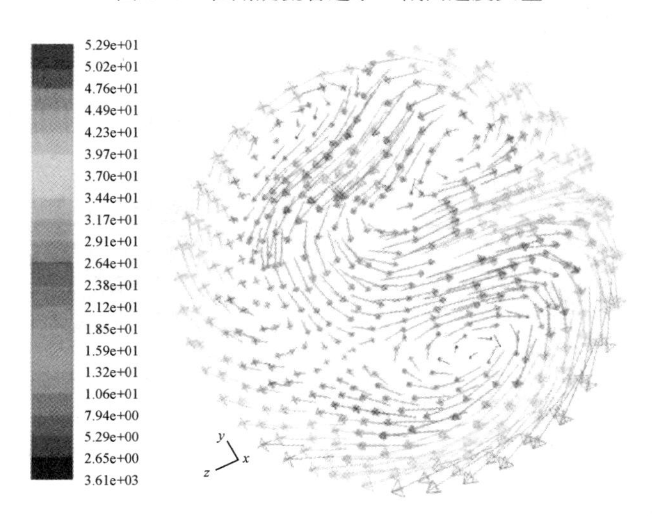

图 6-8　在用旋流管大锥段截面速度矢量

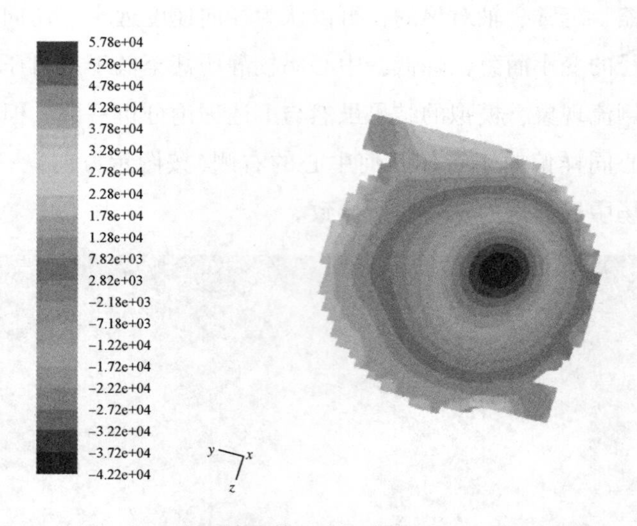

图 6-9　在用旋流管进水口截面静压力分布图

（3）旋流管内流场湍流动能分布

湍流动能是湍流速度涨落方差与流体质量乘积的 1/2，它是衡量湍流强度的重要度量单位，其值越大，表明该区域的湍流强度越大，单位为 m^2/s^2。

在用旋流管进水口截面的湍流强度分布情况如图 6-10 所示。

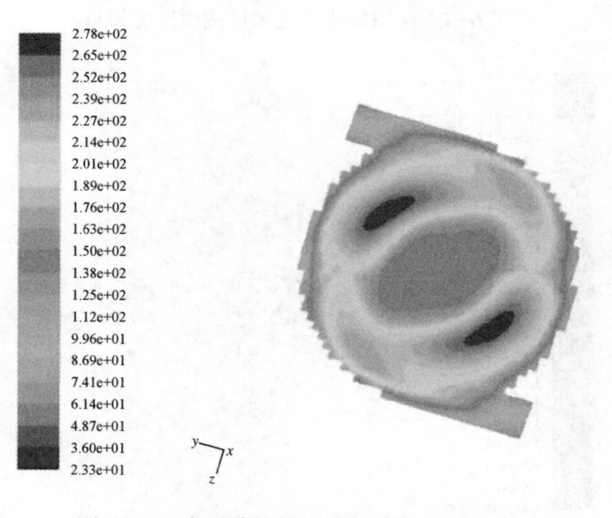

图 6-10　在用旋流管进水口截面湍流动能

由图 6-10 可以看出，在进水口截面处，局部湍流动能值差别较大，最小值低于 $100m^2/s^2$，最大值大于 270 m^2/s^2，表明该流场区域内存在较大的湍流强度，可能存在较显著的局部紊流。

（4）旋流管内流体轨迹线追踪

流体轨迹线指标能够直观地显示出旋流管内流体质子的运动轨迹情况。在用旋流管进水口截面的流体轨迹分布情况如图 6-11 所示。

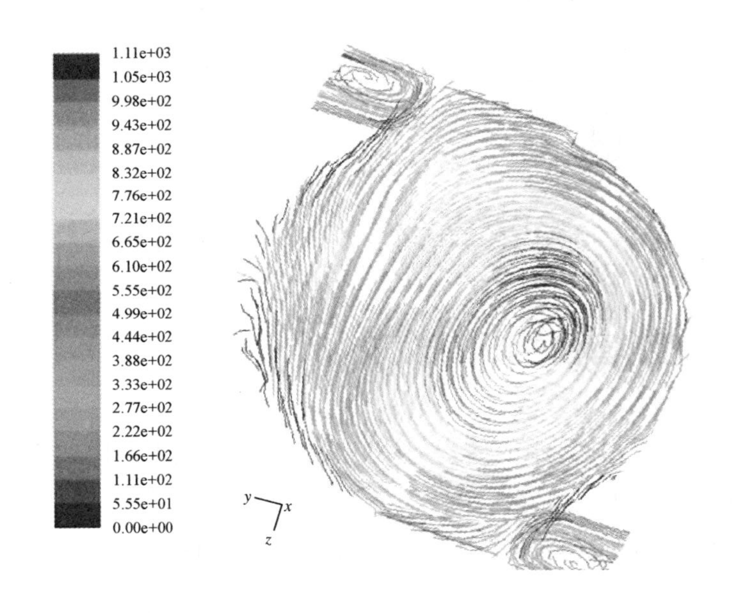

图 6-11　在用旋流管进水口截面流体轨迹分布

进水口界面流体轨迹分布情况与速度矢量分布相似，整个截面流场呈现出明显的旋流状态，而且从图中可以更清楚地看出，旋涡中心点偏离了旋流管的几何中心。

在用旋流管出水口截面的流体轨迹分布情况如图 6-12 所示。

由图 6-12 可以看出，在出水口截面处，径向方向已基本没有旋流效果，从图上只能看出轴向方向上的流体轨迹尾点，表明此时管内的流体几乎完全呈轴向直流流出出水口。

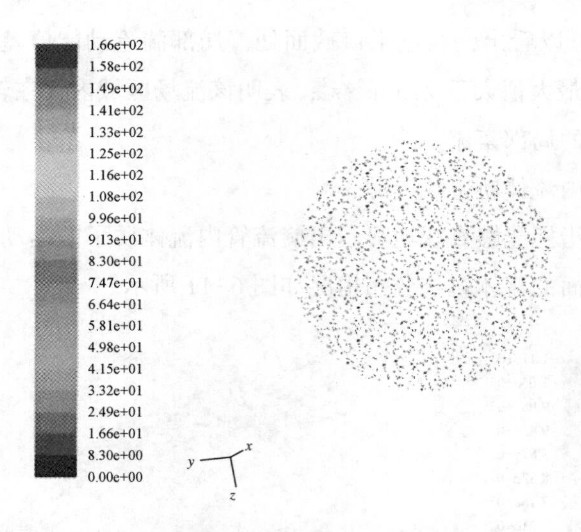

图 6-12　在用旋流管出水口截面流体轨迹分布

6.4　旋流管液相流场优化

影响旋流油水分离效率的因素主要分为外部工况因素和内部旋流管结构因素，其中外部工况因素主要有：

油滴粒径：油滴粒径越大，旋流器的油水分离效果越高；如果油珠粒径小于5μm，则很难分离，当油珠粒径大于20μm时，则易于分离。

温度：液体温度越高，液体的黏度也越低。旋流器的分离率在低黏度时升高，因此温度与旋流器的分离效率成正比。

油水密度差：旋流器的分离效率与油水密度差成正比，一般而言，密度差应大于0.05g/cm^3。

化学药剂：一般说来化学药剂对旋流器的分离没有直接的影响，但可以采用在旋流器的上游添加破乳化学药剂来增大油滴粒径或消除乳化，提高旋流器的分离效率。

气体：由于气/液在水力旋流器内的停留时间极短，不能达到平衡，因此在旋流器分离过程中不会产生大的影响，水力旋流器可处理气体含量为20%的液体。

内部结构因素主要为旋流管内部结构及各段尺寸等。在处理某一类含油污水时，其外部因素是相对固定的，因此考虑对旋流管关键区段的尺寸进行适当调整，并通过模拟分析考察调整尺寸后旋流管的运行工况。

(1) 旋流管尺寸调整说明

油水在旋流器内分离的效果可以用 GT 值来衡量，由式(6-1)可知，GT 值的大小在一定范围内与油水在旋流腔内的作用时间成正比，因此，应适当增大旋流腔的尺寸。

$$GT=G\cdot T=\sqrt{\frac{g\cdot h_s}{\gamma\cdot T}}\times T=\sqrt{\frac{g\cdot h_s\cdot T}{\gamma}} \tag{6-1}$$

式中 G——旋区内平均速度梯度，s^{-1}；

g——重力加速度 9.8m/s^2；

h_s——旋流区水头损失，m；

γ——污水运动黏度，m^2/s；

T——旋流作用时间，s。

此外，大锥段锥角的大小既影响其分离粒度，也影响其内部流态。由旋流器分级点与锥角的关系式[式(6-1)]可知：适当减小锥角，可降低分级点，更有利于小油珠的聚并分离。

$$D_{min}=D_{50}\alpha\sqrt{\tan(\theta/2)} \tag{6-2}$$

式中 D_{min}——可分离的最小油珠粒径，μm；

D_{50}——油珠粒径中值，μm；

α——分离系数；

θ——锥角大小(°)。

由表 6-1 及表 6-2 可以发现，中心二在用旋流管的旋流腔内径(40mm)大于其长度(28.5mm)，大锥段锥角为 25°。通过上述分析，对中心二在用旋流管的旋流腔及大锥段长度进行了适当调整，其中，旋流腔长度延长至 50mm，大锥段长度延长至 100mm(锥角变为 13°)。

（2）取值截面位置说明

取值截面仍为：进水口横截面、大锥段横截面及出水口横截面。

（3）旋流管内流场速度矢量

调整尺寸后旋流管进水口截面的速度矢量分布情况如图 6-13 所示。

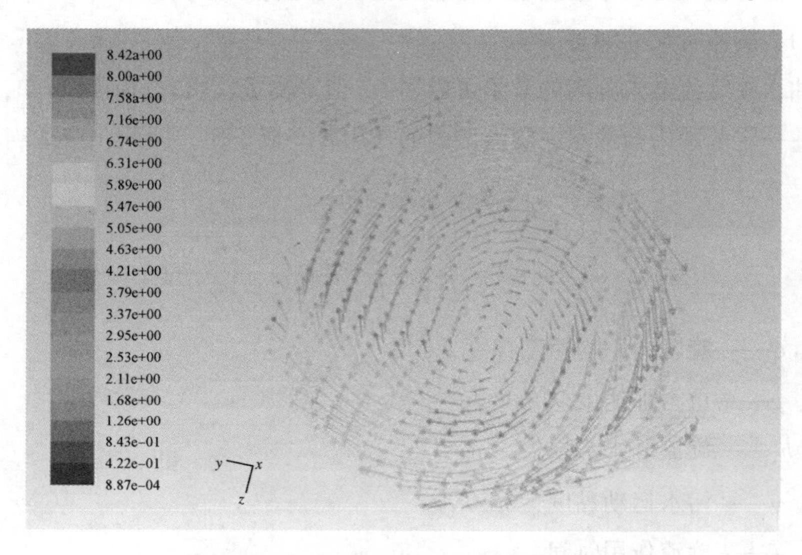

图 6-13　调整尺寸后旋流管进水口截面速度矢量

由图 6-13 可以看出，旋流管进口截面处有明显的旋流效果，且旋流分布较为对称，旋涡中心点与管体几何中心基本保持一致。

调整尺寸后旋流管大锥段截面的速度矢量分布情况如图 6-14 所示。由图可以看出，调整尺寸后，在大锥段中部截面处，流场仍处于明显的旋流状态，没有发生明显的偏流现象。

（4）旋流管内流场静压力分布

进水口横截面静压分布情况如图 6-15 所示，可以看出，调整尺寸后，静压涡核中心与管体几何中心基本保持一致。

（5）旋流管内流场湍流动能分布

调整尺寸后旋流管进水口截面的湍流强度分布情况如图 6-16 所示。

由图 6-16 可以看出，在进水口截面处，局部湍流动能值差别很小，其值低于 $30m^2/s^2$，表明该流场区域内流体流动状态平稳，未发生显著的局部紊流。

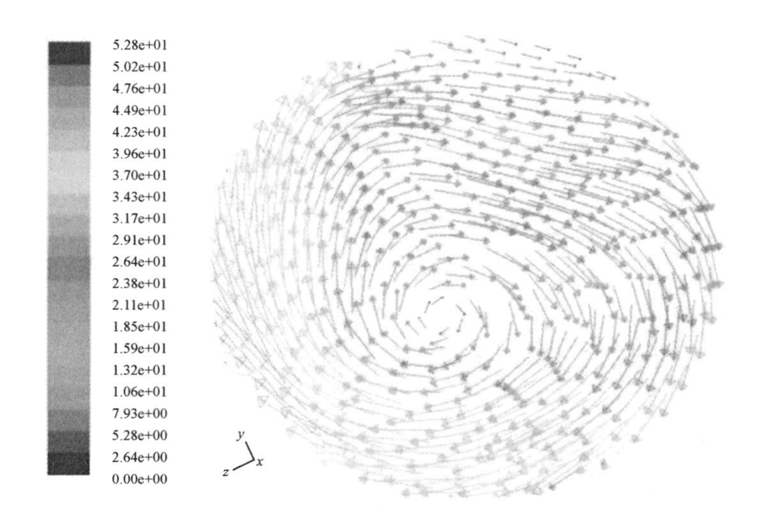

图 6-14 调整尺寸后旋流管大锥段截面速度矢量

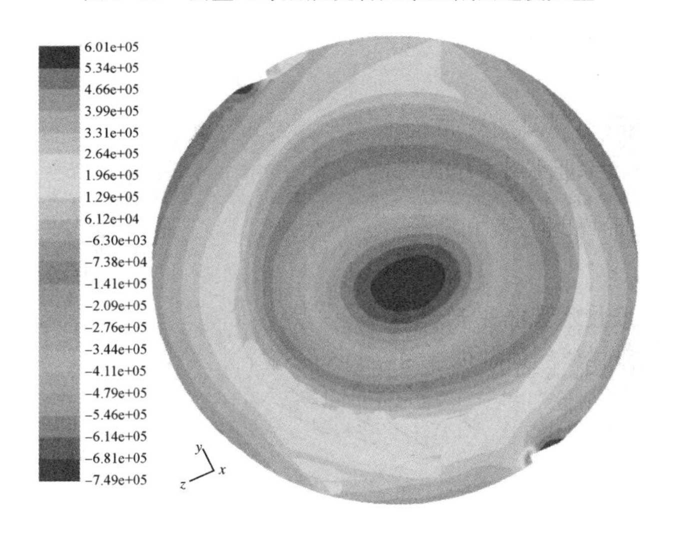

图 6-15 调整尺寸后旋流管进水口截面静压力分布图

（6）旋流管内流场轨迹线追踪

调整尺寸后旋流管进水口截面的流体轨迹分布情况如图 6-17 所示。

可以看出，调整尺寸后，整个截面流场呈现出明显的旋流状态，而且旋涡中心点与旋流管的几何中心基本保持一致。

调整尺寸后旋流管出水口截面的流体轨迹分布情况如图 6-18 所示。

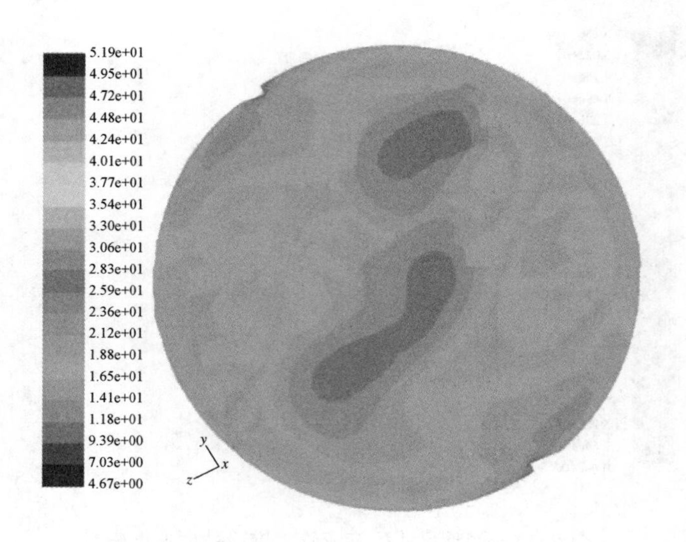

图 6-16　调整尺寸后旋流管进水口截面湍流动能

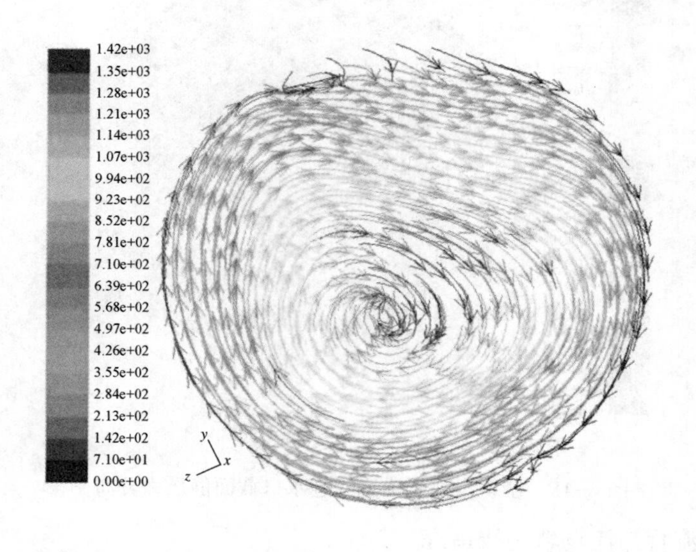

图 6-17　调整尺寸后旋流管进水口截面流体轨迹分布

由图 6-18 可以看出，调整尺寸后，在出水口截面处，径向方向仍然呈现出明显的旋流效果。

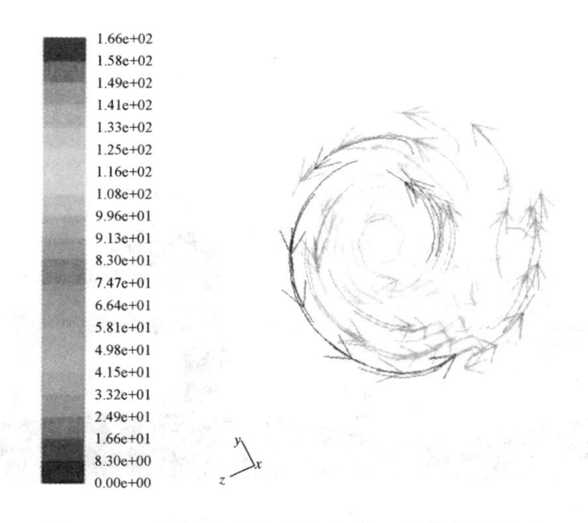

图 6-18 在用旋流管出水口截面流体轨迹分布

6.5 高效旋流除油装置设计及现场试验

根据优化后的旋流管尺寸，进行了高效旋流除油装置设计。该装置处理规模为 $200m^3/d$，装置尺寸(L×B×H)：2.0m×0.8m×1.8m，2 根旋流管，装置示意图如图 6-19 所示，装置实物图如图 6-20 所示。

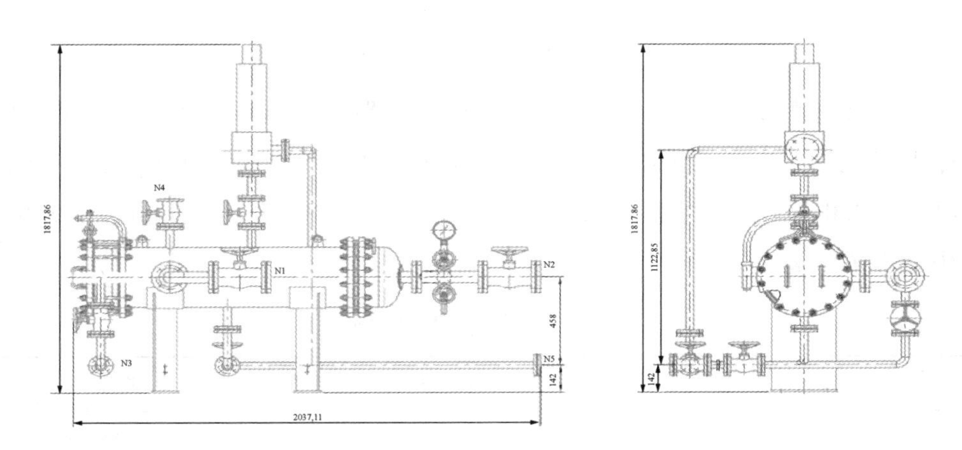

图 6-19 高效旋流除油装置设计示意图

图 6-20　高效旋流除油装置实物图

为了验证该设备的处理效果，于 2013 年 3~5 月在胜利油田纯梁采油厂樊家污水站进行了现场试验。现场试验流程如图 6-21 所示。

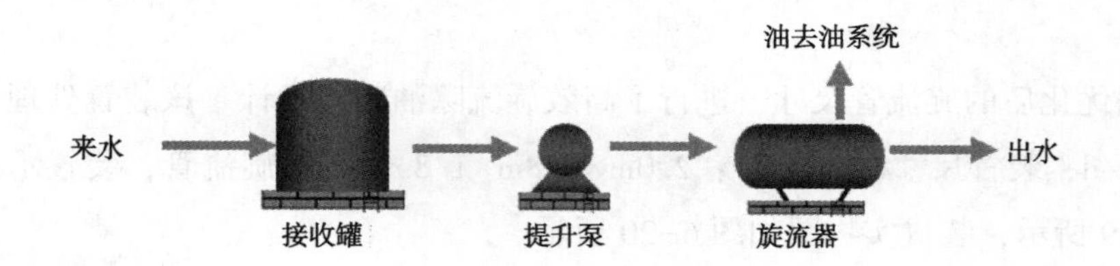

图 6-21　现场试验流程图

首先在进水含油量相同的条件下，考察旋流器进、出水压差对除油效果的影响，压差范围为 0.2~0.4MPa。由表 6-4 及图 6-22 可以看出，旋流器进、出水压差≥0.3MPa 后，除油率上升趋于平缓，综合考虑能耗及成本，选择在 0.3MPa 的压差条件下运行。

表 6-4　现场试验检测结果

序号	进出水压差/MPa	进水含油/(mg/L)	出水含油/(mg/L)	除油率/%
1	0.2	408	58.1	85.76
2	0.25	423	48.6	88.51

续表

序号	进出水压差/MPa	进水含油/(mg/L)	出水含油/(mg/L)	除油率/%
3	0. 3	419	42. 3	89. 90
4	0. 35	426	41. 2	90. 33
5	0. 4	417	40. 1	90. 38

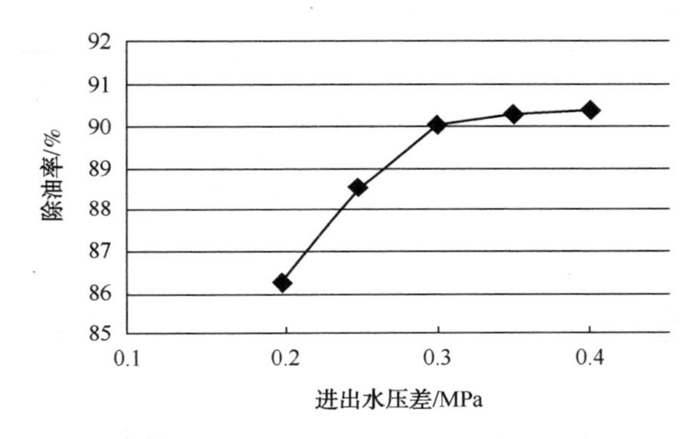

图 6-22 旋流器进出水压差与除油率的对应关系

由表 6-5 及图 6-23 可以看出，在旋流器进出水压差为 0. 3MPa 条件下，出水含油量稳定在 50mg/L 左右，多次检测的平均值为 46. 1mg/L，除油率平均值为 89. 5%。

表 6-5 现场试验检测结果

序号	进出水压差/MPa	进水含油/(mg/L)	出水含油/(mg/L)	除油率/%
1	0. 3	419	42. 3	89. 90
2		458	48. 6	89. 39
3		386	43. 5	88. 73
4		467	45. 8	90. 19
5		431	47. 2	89. 05
6		506	50. 7	89. 98
7		424	44. 1	89. 60

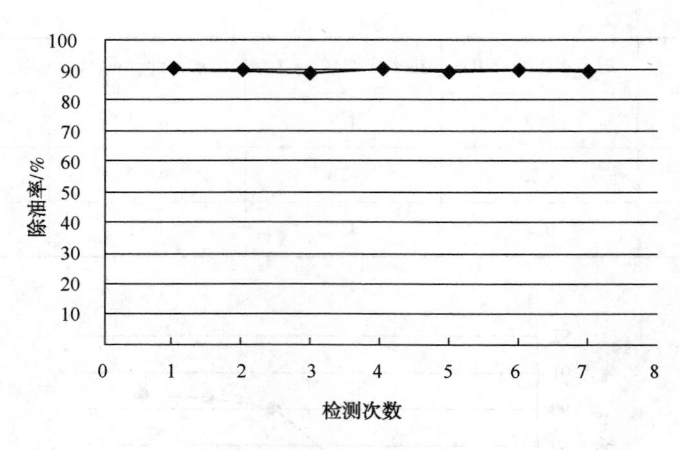

图 6-23　旋流器除油效果图

6.6　小结

(1) 通过对中心二号平台目前在用的水力旋流管进行测量，得到了旋流管外径、内径以及各段长度值。根据测量结果，首先利用 Gambit 软件建立了三维模型，之后参照实际生产条件利用 Fluent 软件进行了流态模拟，结果表明：

① 旋流管进口截面处有明显的旋流效果，但内部液流存在着较为明显的不对称性，由速度矢量图、静压力分布图及流体轨迹线分布图可以看出，旋涡中心点明显偏离了管体的几何中心；

② 在进水口截面处，局部湍流动能值差别较大，表明该流场区域内存在较大的湍流强度，可能存在较显著的局部紊流。

(2) 通过旋流器油水分离效率影响因素计算公式分析，对在用旋流管主要功能区尺寸进行了适当调整，并在相同的工况下再次进行了流态模拟，结果表明：

① 旋流管进口截面处有明显的旋流效果，且旋流分布较为对称，由速度矢量图、静压力分布图及流体轨迹线分布图可以看出，旋涡中心点与管体几何中心基本保持一致；

② 在进水口截面处，局部湍流动能值差别很小，表明该流场区域内流体流动状态平稳，未发生显著的局部紊流。

(3) 通过现场试验确定出最优的工况条件，即：旋流器进、出水压差为0. 3MPa，在该工况下，旋流器出水含油量可稳定在50mg/L左右，多次检测的平均值为46. 1mg/L，除油率平均值为89. 5%。

参 考 文 献

[1] SY/T 5329—2012，碎屑岩油藏注水水质指标及分析方法[S].

[2] B. A. Farnand，T. A. Krug. Oil Removal from Oilfield Produced Water by Crossflow Ultrafiltration [M]. J. Can. Petrol. Tech.，1989，28(6)：18-24.

[3] 陆柱，郑士忠，钱滇子等．油田水处理技术[M]. 北京石油工业出版社，1990：2-7.

[4] R. R. Bhave. Inorganic Membranes Synthesis，Characteristics and Applications[M]. Chapman & Hall，1991：131-136.

[5] Berne F. Physical - Chemical Methods of Treatment for Oil - containing Effluent [J]. Water Sci. Techno.，1992，14(9)：1195-1207.

[6] Dumon S.，Barnier H.. Ultrafiltration of Protein Solutions on ZrO_2 Membranes. The Influence of surface Chemistry and Solution Chemistry on Adsorption[J]. J Membrane Sci，1992. 11，74(3)：289-302.

[7] Evans R C. Developments Environmenta1 Protection Related to Produced Water Treatments and Disposal（Produced Water Re - injection）[C]. SPE. The Second International Conference on Health & Safety & Environment in oil &Gas Exploration & Production. Jakarta：Society of Petroleum Engineers Ice.，1994，707-724.

[8] Pouliot M.，Pouliot Y.，Britten M.，et al. Efficiency of pH and Ionic Environment on the Permeability and Rejective Properties of an Alumina Microfiltration Membrane for Whey Proteins [J]. J Membrane Sci，1994，9-12.

[9] 李永发，李阳初，孙亮等．含油污水的超滤法处理[J]．水处理技术，1995，21(3)：145-148.

[10] K. M. Simms，T. H. Liu，S. A. Zaidi. Recent Advances in the Application of Membrane Technology to the Treatment of Produced Water in Canada[J]. Water Treatment，1995，10：135-144.

[11] 廖振强．多分支管道若干流动现象和特性的探讨[J]．气动实验与测量控制，1996，lO(3)：31-39.

[12] Andrzej B.，Koltuniewicz R.，Field W.. Process factors during removal of oil-in-water emulsions with cross-flow microfiltration[J]. Desalination，1996，105：79-89.

[13] Hjelmas T A，et al. Produced Water Re - injection：Experiences from Performance

Measurements on Ula in the North Sea[C]. The International Conference on Health, Safety & Environment. New Orleans Louisana, 1996.

[14] S. Santos, M. R. Wiesner. Ultrafiltration of Water Generated in Oil and Gas Production[J]. Water Envir. Res., 1997, 69(6): 1120-1127.

[15] 曹乃珍，金传波. 新型石墨材料对水中油性物质脱除的试验研究[J]. 中国环境科学，1997，17(2)：188-190.

[16] Jeffrev M., Yanwei C., Robbert H. D. Crossflow microfitration of oily water [J]. J Membrane Sci, 1997, 129: 221-235.

[17] 王怀林，王忆川，姜建胜等. 陶瓷微滤膜用于油田采出水处理的研究[J]. 膜科学与技术，1998，18(2)：59-64.

[18] 王静荣，吴光复. 中空纤维超滤膜处理油田含油污水的研究[J]. 膜科学与技术，1998，18(2)：25-28.

[19] 张兴儒. 油气田开发建设与环境影响[M]. 北京：石油工业出版社，1998.

[20] Amold K E. Combining Production water treating device boosts efficiency [J]. Offshore, 1998, 58(1): 68-70.

[21] 赵东风. 采油废水用于低渗透油田注水处理工艺研究[J]. 石油大学学报：自然科学版，1999，23(2)：109-110.

[22] 赵炜. 应用井下油水分离系统避免油井过早被迫停产[J]. 国外石油机械，1999，10(6)：56-57，61.

[23] 黄仲涛，曾昭槐，钟邦克等. 无机膜技术及其应用[M]. 北京：中国石化出版社，1999：202-203.

[24] 高鹏. 离心分离在油气工业的应用日渐广泛[J]. 中国海上油气(工程)，1999，11(4)：29-33.

[25] 刘富，彭顺龙. 同井轮流注水管柱工艺技术[J]. 石油钻采工艺，1999，21(2)：109-111.

[26] 邓述波，周抚生，余刚等. 油田采出水的特性及处理技术[J]. 工业水处理，2000，20(7)：10-12.

[27] 樊栓狮，王金渠. 无机膜处理含油废水[J]. 大连理工大学学报，2000，40(1)：61-63.

[28] Mantilla, Quintero P. Comprehensive System for Treatment and Injection of Produced Water: Field Case[C]. SPE. 2000 Annual Technical Conference and Exhibition. Dallas: Society of Pe-

troleum Engineers Ice., 2001, 320-328.

[29] 刘德绪. 油田污水处理工程[M]. 北京：石油工业出版社，2001.

[30] 赵朝成，赵东风. 超临界水氧化技术处理含油污水研究[J]. 干旱环境监测，2001，15(1)：25-28.

[31] 李奎元，黄庆玉，张贵宝，等. 同井抽注系统：中国，98101992[P]. 2001-04-04.

[32] 王振波，李发永. 油田采出水处理技术现状及展望[J]. 油气田环境保护，2001，11(1)：40-41.

[33] Akihiko Hirayama, Masati Maegaito, Masato Kawaguechi, et al. Omani oil Fields Produced Water: Treatment and Utilization [C]. SPE. International Petroleum Conference and Exhibition. Mexico: Society of Petroleum Engineers Inc., 2002, 12-17.

[34] B. J. Azzopardi, D. A. Colman, D. Nicholson. Plant application of a T junction as a partial phase separator[J]. Chemical Engineering Research and Design, 2002, 80(A): 87-96.

[35] A. A. McMarthy, P. K. Walsh, G. Foley. Experimental Techniques for Quantifying the Cake Mass, the Cake and Membrane Resistances and the Specific Cake Resistance during Crossflow Filtration of Microbial Suspensions[J]. J. Membr. Sci., 2002, 201(1-2): 31-45.

[36] 王旭，金江，梅胜道. 陶瓷膜处理油田采出水初探[J]. 盐城工学院学报：自然科学版，2003.03，16(1)：32-33.

[37] 董良飞，张志杰. 采油废水回注处理技术的现状及展望[J]. 长安大学学报：建筑与环境科学版，2003，20(1)：43-48.

[38] 尹赐予，张洪良. 超滤法处理油田含油污水的试验研究[J]. 石油机械，2003，31(8)：1-4.

[39] Jahnsen L, Vik E. A. Field trials with Epcon technology for produced water treatment[C]. Produced Water Workshop. 2003.

[40] 程海鹰，张洁，梁利平. 采油污水处理现状及其深度处理技术[J]. 工业水处理，2003，23(8)：5-8.

[41] 肖炎初，刘勇武，吴萍萍. 聚结分离技术在环己烷氧化装置的应用[J]. 化工进展，2003，22(4).

[42] 桑义敏，李发生，何绪文等. 含油废水性质及其处理技术[J]. 化工环保，2004，(24)：94-97.

[43] 孔惠，陈家庆，桑义敏. 含油废水旋流分离技术研究进展[J]. 北京石油化工学院学报，

2004，(04).

[44] 张安华．陶瓷膜过滤装置在采油废水深度处理领域的应用[J]. 丹东纺专学报，2004. 12，11(4)：55-56.

[45] Hu Xianguo，Bekassy Molnar，Koris A.. Study of Modelling Transmembrane Pressure and Gel Resistance in Ultrafiltration of Oily Eemulsion[J]. Desalination，2004，163：355-360.

[46] 孔样平，王宝辉．膜法水处理技术在油田上的应用[J]. 化工时刊，2005. 12，19(12)：40-42.

[47] 冯永训．油田采出水处理设计手册[M]. 北京：中国石化出版社，2005.

[48] 池波．新型一体化装置处理油田采出水的试验研究[D]. 武汉：武汉理工大学硕士学位论文，2006.

[49] Pandey S，Gupta A，Chakrabarti D P，et al. Liquid-liquid two phase flow through a horizontal T-junction [J]. Chemical Engineering Research & Design，2006，84(A10)：895-904.

[50] 锐侠，刘发强，蔡庆辉，原野．含油废水综合处理技术研究[J]. 石化技术与应用，2007，(02).

[51] 吕玉娟，张雪利．气浮分离法的研究现状和发展方向[J]. 工业水处理，2007，27(1)：58-61；2007，27(2)：88-91；2007，27(3)：89-92.

[52] Stein Egil Oserod. Separation of crude oil at the well head：United States Patent No. 2007/0277967A1. 2007.

[53] 陈家庆．海洋油气开发中的水下生产系统(一)[J]. 石油机械，2007，35(5)：54-58.

[54] 李爱阳，蔡玲．膜分离技术处理含油废水研究进展[J]. 化工时刊，2007，(6)：62-64.

[55] 陈家庆．海洋油气开发中的水下生产系统(二)——海底处理技术[J]. 石油机械，2007，35(9)：150-156.

[56] 蒋生健．低渗透油田回注水精细处理技术及发展．工业水处理. 2007. 10，27(10)：5-8.

[57] Wu C. J.，Lia A. M.，Li L.，et al. Treatment of Oily Water by a Poly(vinyl alcohol) Ultrafiltration Membrane[J]. Desalination，2008，225：312-321.

[58] 杨利民．两相流新型分离器——T形三通管的研究进展[J]. 化工进展，2008，27(1)：45-49.

[59] 王波，陈家庆，梁存珍，等．含油废水气浮旋流组合处理技术浅析[J]. 工业水处理，2008，28(4)：87-92.

[60] 乔金中，李志广，赵云生，等．注下采上工艺技术[J]. 石油矿场机械，2008，37(7)：

82-84.

[61] Sagatun S I, Gramme P, Lie G H, et al. The pipe separator: simulations and experimental results [C], presentation at the Offshore Technology Conference held in Houston, Texas, USA, May 5-8, 2008.

[62] Beckman J. Total turns to subsea separation for problematic Pazflor crude [J]. Offshore, 2008, 68(5): 106-111.

[63] 吕慧超，左岩．油田回注水处理技术及其发展趋势[J]．工业用水与废水．2009. 04，40(2)：15-18.

[64] 马敬环，项军，李娟等．无机陶瓷膜错流超滤海水污染机理研究[J]．盐业与化工，2009. 05，38(3)：31-34.

[65] 徐振东，宋文礼，马成晔，等．同井抽注采油树配套技术[J]．石油钻采工艺，2009，31(2)：86-90.

[66] 丁艺，陈家庆．深水海底油水分离的关键技术分析[J]．过滤与分离，2009，19(2)：10-15.

[67] 陆剑明，龙江桥，付豪．同井抽注改进工艺探讨[J]．科技创新导报，2009(4)：89-91.

[68] 熊磊，朱宏武，张金亚，等．海底分离技术的最新进展[J]．石油机械，2010，38(10)：75-78.

[69] 吴琦．气浮选含油污水处理技术[J]．油气田地面工程，2010，29(3)：53-55.

[70] 王德民．强化采油方面的一些新进展[J]．大庆石油学院学报，2010，34(5)：19-26.

[71] 程心平，刘敏，罗昌华．海上油田同井注采技术开发与应用[J]．石油矿场机械，2010，39(10)：82-87.

[72] Nunes G C, Figueiredo L S, Melo M. V, et al. Petrobras experience on water management for brown fields[C], presentation at the Offshore Technology Conference held in Houston, Texas, USA, May 2-5, 2011.

[73] Roberto D S, Stephanie A, Ssdia S, et al. A novel gas / liquid separator to enhance production of deepwater marginal fields [C], presentation at the Offshore Technology Conference held in Houston, Texas, USA, May 2-5, 2011.